すぐに▼役立つ

電子商取引から削除請求まで
◆図解とQ&Aでわかる◆

最新 ネットトラブルをめぐる法律とトラブル解決法

弁護士 **森 公任** ／ 弁護士 **森元みのり** 監修

三修社

はじめに

　ネットを利用した取引やビジネスは、さまざまな分野で急速に拡大していますが、利用者が増大するにつれて、それを利用した取引やビジネスなどによる被害も増大の一途をたどっています。とりわけネットを利用した商品の取引の場面では「説明と相違する粗悪品が届いた」「代金を支払ったのに商品が届かない」「商品を発送したのに代金が支払われない」といったトラブルが絶えません。また、デジタルコンテンツは複製や公衆送信が容易であるため、自らのサイトに無断で他人のコンテンツを転用するという著作権の侵害が深刻化しています。

　インターネットや情報システムに関する法律は体系化されておらず、多くの場合、関連する法律に修正を加える形で整備されています。そのため、個人や法人にかかわらず、気づかずに法律違反をしていたという事例は少なくありません。

　本書は、複雑で多岐にわたるネットに関する法律について、消費者契約法、電子契約法、特定商取引法、景品表示法、個人情報保護法、著作権法、刑法、プロバイダ責任制限法、不正アクセス禁止法などのさまざまな法律知識を解説し、ネットビジネスの運営に役立つ必要な事項を具体的な場面がイメージできるようにQ&A形式で解説しています。通信販売、ネットオークション、まとめサイト、なりすまし、著作権侵害、誹謗中傷などのトラブルや犯罪被害についての対策まで取り上げています。また、近年問題が深刻化している誹謗中傷や著作権侵害などをする投稿を行った者（発信者）の情報を開示するようにプロバイダに請求するための「発信者情報開示請求」の仕方を解説し、サンプル書式を掲載しています。令和4年10月に施行されたプロバイダ責任制限法改正に伴い新設された裁判手続きのしくみも解説しました。

　この他、特定商取引法、個人情報保護法、刑法など最新の法改正の情報もフォローしています。

　事業者をはじめ、ネットを活用されるすべての皆様に、広く本書をご活用頂ければ、監修者として幸いです。

監修者　弁護士　森　公任　　弁護士　森元　みのり

Contents

第3章　ネットショップやオークションをめぐるトラブル解決の知識

第4章　著作権や個人情報保護などの法律知識と対策

第5章　犯罪やその他の法律問題と対策

第6章　ネットトラブル解決のための手続きと書式

第1章

ネットをめぐる
法律とトラブルの全体像

ネット上の契約トラブルから利用者を守るためにはどんな法律を知っておくとよいでしょうか。

消費者契約法、特定商取引法、電子契約法などがあります。

　インターネットを利用した取引（ネット取引）は、スマートフォンやタブレットなどの携帯端末の普及により、年々利用者が増えています。しかし、利用者が増えるとともに、ネット取引によるトラブルも増加しているため、利用者を守るためにどんな法律があるのか知っておく必要があります。

　まず、消費者と事業者の間で行われた取引には、消費者契約法が適用されます。また、民法や商法といった通常の商取引に適用される法律もネット取引に適用されますが、ネット取引には通常の取引とは異なる特徴があるため、その違いにあわせて作られた法律が優先して適用されます。具体的には、ネット取引は電子商取引に該当するため、電子契約法（電子消費者契約に関する民法の特例に関する法律）の適用を受けます。また、ネットショッピング（ネット取引による商品などの購入）は通信販売に該当するため、特定商取引法の適用も受けます。

●消費者契約法

　契約に関わる知識量や判断力などの点で不利な立場にある消費者を保護する法律が消費者契約法です。消費者契約法の適用対象は、消費者と事業者の間で結ばれる契約（消費者契約）に限られるため、事業者間の契約は適用対象外です。対面での契約の他に、ネット取引であっても当事者が消費者と事業者である場合には消費者契約法が適用されます。

●通信販売と特定商取引法

実際に店舗に行けば、販売員から強引な勧誘をされて、買いたくない商品まで買わされることがあるかもしれません。これに対して、通信販売では事業者側の押し付けはないため、消費者はゆっくり自分のペースで商品を選ぶことができます。

ただ、通信販売には、実際に手にとって商品の状態を確かめることができないという弱点があります。また、店舗で商品を見定めるときのように、気軽に販売員に質問をすることもできません。この状況で商品を購入する場合、商品が届いてみると自分の思っていたものと違うと感じることもあります。このような通信販売に特有のトラブルもあり、特定商取引法は通信販売にさまざまな規制を課しています。また、特定商取引法に基づいた政令や主務省令による規制もあります。

なお、通信販売によって商品を販売しても、特定商取引法は事業者間の取引には適用がありません。その他、海外の人に対して商品を販売する場合や、事業者が従業員に商品を販売する場合、他の法律により消費者保護が図られている場合などについても、特定商取引法が適用されません。

■ 利用者を守るための法律 ………………………………………

利用者が増えるとともに、ネット取引によるトラブルも増加

↓

ネット取引には、通常の取引とは異なる特徴がある

↓

利用者を守るための法律が必要

↓

電子契約法、消費者契約法、特定商取引法などの法律が
利用者を保護している

ネット上のおもなトラブルは どんなケースで発生してい るのでしょうか。

携帯端末の回線契約、情報漏えい、情報公開などにまつわるトラブルが発生しています。

　最近では、スマートフォンやタブレットなどの携帯端末を、子どもから高齢者まで幅広い人が持つようになりましたが、知識不足などがトラブルを招くケースがあります。まず、回線契約の複雑さによるトラブルがあります。とくにスマートフォンの回線契約は長期間にわたる継続的な契約になりますが、複雑なオプションが多数存在し、想定していたより高額になる可能性があります。次に、情報流出のトラブルがあります。スマートフォンなどの携帯端末が一つあれば、電話だけでなく、メール、Webサイト閲覧、ネットショッピング、決済など、多くの情報を取り扱うことになります。そのため、情報漏えいによる被害も大きくなります。情報漏えいの原因はメールやWebサイト閲覧によるウイルス感染だけでなく、不正アプリによる個人情報の抜き取り、置き忘れや盗難など多岐にわたります。また、アプリや携帯端末の機能に関する知識不足から、知らない間に個人を特定できる情報をインターネット上に公開してしまう場合もあります（情報公開によるトラブル）。

●情報漏えいのトラブル

　インターネットを通じたサービスは、おもにIDとパスワードを入力することで、個人用のツールとして利用することができます。とくにクラウドサービスでは、個人情報などのさまざまな情報を携帯端末

やパソコンだけでなく、インターネット上の外部サーバで管理することになります。したがって、第三者が不正取得したIDとパスワードを入力してサービスを利用する可能性があり、この場合は第三者への情報漏えいにつながります。パスワードなどの不正取得は、一定の知識を持った人が、ウイルス感染や改ざんしたWebサイト（フィッシングサイト）を通じて情報を抜き取ることによって行われています。

●情報公開によるトラブル

　SNS（ソーシャル・ネットワーキング・サービス）の普及により、不特定多数に向けた表現が容易になりました。その反面、自分の表現に他人の著作物や個人情報を利用したり、自分の主張が他人への誹謗中傷にあたるケースもあります。SNSでは、友人に向けた投稿であっても、誰もが閲覧できる状態になっていることがあります。キーワード検索や投稿の再掲載機能により、特定の人物などを誹謗中傷する投稿が容易に多くの人へと拡散する場合もあります。軽はずみな発言によって損害賠償責任を負うにとどまらず、名誉毀損罪や侮辱罪として処罰される可能性もあるため注意が必要です。

■ インターネットにおける著作権侵害 ……………………………

インターネット上の記事 ➡ 文章・絵画・動画・音楽などを気軽に掲載可能

【著作権侵害の形態】

① **他人の文章の無断掲載**
　➡ ・他者の文章の無断掲載は著作権侵害にあたる
　　・要約・改変も同一性保持権や翻案権の侵害が問題になる

② **他人が撮影した写真の無断掲載**
　➡ ・他人が撮影した写真の無断使用は撮影者の著作権を侵害する
　　・自分で撮影した写真でも著作物が被写体であれば複製権や
　　　公衆送信権の侵害にあたる可能性がある

③ **権利者に無許諾で映像・音楽を利用**

●著作権侵害

　インターネット上には、文章、絵画、写真、動画など多くの情報が公開されていますが、それぞれの情報には作成者などの権利があります。第三者が取得して再利用することが許可されているものもあれば、インターネット上から取得すること自体を禁止しているものもあります。公開されている情報を許可されている範囲外で利用すると著作権侵害などに該当します。具体的に、著作権侵害に該当するおもな行為として、以下のようなものがあります。

①　他人の文章を掲載する

　商用サイトであるか身内しか見ていないブログであるかを問わず、他人の創作した文章をインターネット上に無断掲載することは著作権侵害（複製権や公衆送信権の侵害）にあたります。要約・改変について翻案権（著作権のひとつ）の侵害の他、同一性保持権（著作者人格権のひとつ）の侵害も問題になります。「引用であれば無断掲載ができる」と思われがちですが、引用は主従関係を明確にし、公正な慣行に合致するなど厳格な要件を満たす必要があります。

②　写真を掲載する

　他人が撮影した写真の無断使用は著作権侵害にあたります。たとえば、雑誌に掲載された人物写真をSNSに転載することや、ネットオークションに他の出品者が掲載した写真を流用することはできません。自分で撮影した写真でも、イラスト、キャラクターのぬいぐるみなどの著作物を被写体とする場合には、複製権、公衆送信権、翻案権（いずれも著作権に含まれます）などの侵害が問題になります。

③　映像、音楽の利用

　動画投稿サイトに権利者の許諾を受けない映像や音楽を投稿することは著作権侵害にあたります。ホームページやブログにBGMが流れる仕掛けを施している場合も、それが他人の作曲したものの無断使用であれば著作権侵害にあたります。

インターネットをめぐる犯罪行為にはどんなものがありますか。

名誉毀損罪、侮辱罪、詐欺罪などのさまざまな犯罪が成立する可能性があります。

　インターネットやコンピュータをめぐる犯罪のことを一般にサイバー犯罪と呼びます。かねてより取り上げられているのは、掲示板、ブログ、SNSなどで他人を誹謗中傷する場合に問題となる名誉毀損罪や侮辱罪、インターネット上にわいせつな画像や動画を公開する場合に問題となるわいせつ物頒布罪です。また、ネットショッピングやネットオークションで相手のお金をだまし取る詐欺罪や、他人や企業になりすましてウソの情報を流布する業務妨害罪などもあります。

●なりすましの問題点

　なりすましとは、本人でないのに本人を詐称して活動することです。他人のIDやパスワードを盗用し、その他人を詐称して悪事を働くことを指すことが多いですが、ID・パスワードの盗用をせずになりすましをすることが可能な場合も多く、最近ではSNSで著名人や有名企業などがなりすましをされる被害が多発しているようです。たとえば、実在する人物や企業になりすまして売買契約を結び、先に代金を受け取って行方をくらます行為は詐欺罪にあたります。

●迷惑メールの問題点

　迷惑メールが多く出回り社会問題に発展したため、特定商取引法や特定電子メール法などの法律が規制しています。おもな規制として、広告メールを送る場合には、そのメールの本文に送信者の氏名（名

称）の他、受信拒否通知を受けるためのURLなどを明示しなければなりません。また、受信者から事前に承諾を得ていない場合には、原則として広告メールの送信ができません。違反者には改善命令などが出される他、悪質な場合は罰則が科されます。

●誹謗中傷メールの問題点

ブログやSNSなどで他人を誹謗中傷する情報を公開することは、侮辱罪や名誉毀損罪にあたる可能性があります。多くの人に宛てて他人を誹謗中傷する内容のメールを一斉に送信した場合も同様です。

誹謗中傷をした加害者としては、被害者の名誉や信用を回復させることが何より重要です。しかし、とくにSNSの場合には瞬時に拡散されるおそれが高いため、名誉や信用の回復に向けた措置を取ることが非常に難しいといえます。また、加害者を見つけ出すことができれば、犯罪にならなくても、不法行為を理由に民事上の損害賠償責任を追及することができます。

■ サイバー犯罪についての法規制 ……………………………………

なりすまし行為

他人のID・パスワードの盗用または電子メール・掲示板上で他人を装う
- 文書の書換えによる他人への送信
  ⇒ 電磁的記録不正作出罪にあたる可能性
- 実在する人物・企業になりすました売買契約による代金のだまし取り
  ⇒ 詐欺罪にあたる

迷惑メール
- 「特定商取引法」「特定電子メールの送信の適正化等に関する法律」による規制
  ⇒ ①広告メールに対する送信者の氏名（名称）や受信拒否通知を受けるためのURLなどの明示を義務付けている
  　　②受信者の事前の承諾を得ない広告メールの送信を禁止する

誹謗中傷メール

他人を誹謗中傷する情報の書き込み・公開
  ⇒ 侮辱罪・名誉毀損罪にあたる可能性（民事上の損害賠償責任の追及も可能）

ネット取引では、どの段階から契約が発生するのでしょうか。申込みと承諾の関係について教えてください。

顧客から注文を受けてもネットショップが承諾しなければ契約は成立しません。

契約は、申込みの意思表示と、これに対する承諾の意思表示とが一致することで成立します。ネット取引（インターネットを利用した取引）の代表例であり、多くの人が利用するネットショップの取引について、具体的にどの段階が申込みまたは承諾にあたるのかをしっかり理解することが重要です。

ネットショップの取引は、おおかまに言うと、次ページ図のような流れになります。売買契約が成立すれば、顧客は商品の代金を支払う義務を負い、ネットショップは商品を引き渡す義務を負います。

ネットショップは、契約が成立すると、たとえ在庫切れでも商品を調達して顧客に引き渡さなければなりません。承諾の意思表示をする際は、商品を確実に引き渡せるだけの在庫があるかを確認することが重要です。在庫を確認して、問題がなければ注文を引き受ける（承諾する）とのメールを送信します。反対に、在庫がない場合は、在庫切れで注文に応じられない（承諾をしない）と伝えることになります。

承諾の意思表示との関係でトラブルになりやすいのが「注文受領・確認の通知」です。この通知は、店舗側が注文を受け取った事実を顧客に伝えるもので、承諾の意思表示とは異なります。顧客が承諾の意思表示である（契約が成立した）と誤解しない内容にしましょう。

●申込みの誘引と申込みとの違いに注意

　ネットショップの取引は、おおまかに言うと、①商品の情報をサイト上に掲載する、②消費者が購入したい商品をショッピングカートに入れ、必要事項を入力してネットショップに送信する、③ネットショップがメール送信またはサイト上の表示などの方法で、注文を引き受けた（承諾した）ことを顧客に通知する、という流れで行われるのが一般的です。この一連の流れにおいて、①が申込みの誘引、②が申込みの意思表示、③が承諾の意思表示にあたるため、③が消費者に到達した時点で契約が成立します。契約の申込みと承諾の意思表示は、いずれも相手に到達した時点で効力が生じます（到達主義）。

　以上の一連の流れを顧客から見たときに、申込みの誘引と申込みの意思表示とを区別することが難しい場合があるといわれています。したがって、ネットショップとしては、どの段階が顧客による申込みの意思表示になるのかについて、注文手続きのページや利用規約などで明確に記載しておく必要があるでしょう。

■ ネットショップの取引の流れ ……………………………………

1 商品情報をサイト上に掲載

商品情報の掲載は、商品購入の申込みを促す行為（申込みの誘引）にすぎず、申込みの意思表示ではない。

2 サイトを見た消費者は、購入したい商品をショッピングカートに入れ、必要事項を入力し、ネットショップに送信

申込みの意思表示にあたる。

3 ネットショップは、メール送信またはサイト上の表示などの方法で、注文を引き受けた（承諾した）ことを顧客に通知

承諾の意思表示にあたり、③が顧客に到達した時点で契約が成立。
（③の前に「注文受領・確認の通知」を送信する場合もある）

 **ドメインを不正利用する目的で取得するとどうなるのでしょうか。**

 不正使用する目的でドメインを取得してはいけません。

　ドメインは、ネット上に存在するデータの住所のようなもので、アルファベットと記号で表現されます。ドメイン名を使用する際には、不正競争防止法の規制に注意する必要があります。おもに以下のような表示の使用が不正競争行為に該当する場合があります。

① **取引相手などに広く知れ渡っている商品または営業の表示（周知表示）と同一か、類似した表示を使用すること**

　周知表示の使用が他人の商品や営業との混同を生じるか、または生じるおそれがある場合に限って不正競争行為になります。

② **他人の商品や営業を示す表示で、全国的に有名なもの（著名表示）を表示として使用すること**

　一地方で知られた表示であれば周知表示になりますが、著名表示は全国的に広く知られた表示であることが必要です。また、著名表示の使用については、他人の商品や営業との混同がなくても、不正競争行為になります。

●**取得や使用が不正の目的と認められる場合**

　有名でない会社名、商品名であれば、自由にドメイン名に使用できるというわけではありません。周知表示や著名表示以外でも、不正の目的で、他人の特定商品等の表示と同一であるか、または類似したドメイン名を取得、保有、使用することが禁止されます。

「特定商品等の表示」とは、人の氏名、商号、商標、標章その他商品やサービスを表示するものをいいます。「不正の目的」とは、不正の利益を得る意図や他人に損害を与える意図をいいます。「不正の利益を得る意図」は、たとえば、企業が長年築き上げてきた知名度や信頼を利用し、自らの事業を有利に展開しようとすることです。一方、「他人に損害を与える意図」とは、信用を失墜させるなどの損害を与える狙いをいいます。

　また、不正目的でのドメインの取得におけるドメイン名の「取得」とは、①ドメイン名登録機関に申請してドメイン名の使用権を得ること、②第三者からドメイン名の使用権を譲り受けること、③第三者からドメイン名の使用許諾を得ること、のいずれかを指します。

●事前調査をして商標登録をする

　ドメイン名を取得する際は、おもに以下の2点を意識して不正競争行為にあたらないようにします。

①　有名な会社名などは、これをドメイン名にすると不正競争行為と認められる可能性が高くなるので避ける。

②　自ら使用することに合理的根拠のあるドメイン名を選ぶ。

■ ドメインのしくみ ……………………………………………

```
     https://www.xyz.co.jp/
         ①      ②   ③  ④ ⑤
```

①https … データの転送方式（Hyper Text Transfer Protocol Secure）
②www … 世界中に張りめぐらされたリンク網（World Wide Web）
③xyz　 … この部分に企業名、名前、商品名などを登録することが多い
④co　　… 組織属性を表す
　　　　　 co（会社）、ac（教育機関）、ne（ネットワーク事業者）、
　　　　　 gr（任意団体）
⑤jp　　 … 国名や地域名など分野を表す
　　　　　 jp（日本）、us（アメリカ）、uk（イギリス）、ch（中国）、
　　　　　 kr（韓国）

 **6** Webサービスをするために
必要な法律について教えて
ください。

 サービスの各段階に応じた法的規制を常に
意識して確認していく必要があります。

インターネットを活用するWebサービスは、Webサイトやアプリを通じて事業を展開していくことが中心になります。たとえば、マッチングサービスでは、メール・SNS・チャット機能などを利用して、利用者からの問い合わせをはじめ、利用者同士のやり取りを行うことが可能なシステムが提供されます。

この場合、さまざまな情報のやり取りを、それを行う直接の当事者同士の間で行い、他者にやり取りの内容を見られることがないというシステムが基本になります。この通信システムはクローズド・チャットとも呼ばれており、電気通信事業法が規定する電気通信事業に該当するため、総務大臣に届出をしなければサービスを行うことはできず、届出を怠った場合の罰則も用意されています。

利用者間のみで行う通信システムは、ネットビジネスにとって便利なものですが、電気通信事業法に基づく届出が必要であることを知らなければ、罰則が科されるおそれがあり、運営者にとって大きなリスクになります。届出は比較的容易な手続きで行うことができるため、運営者としては、自社が行う通信システムが電気通信事業法の定める電気通信事業にあたることについて、十分な知識が必要になります。

●個人情報保護法や特定商取引法の適用にも注意する

上記の通信システムに限らず、一般的な物販を行う上でも法的規制

を意識しておくべき点がたくさんあります。

　たとえば、個人の顧客との間で契約を結ぶ段階にまで進んだ場合、事業者は、顧客の氏名・住所・電話番号・メールアドレスなどの情報を取得します。これらの顧客に関する情報は、個人情報保護法の「個人情報」にあたり、この個人情報を自らの事業に用いているので、個人情報保護法の適用を受けます。したがって、個人情報保護法が規定する個人情報の取得や第三者提供などに関する規制に従った運用が求められます。また、個人情報を漏えいさせた場合には、漏えいの経緯によっては罰則が適用されることがあるため、これを防止するために情報管理措置をとらなければなりません。

　さらに、商品の通販が行われる場面では、顧客との間で商品の価格や配送方法をめぐって、または顧客が返品を望んだ場合の手続きなどに関するトラブルが生じるおそれがあります。そのため、通販を行う事業者には、特定商取引法に基づく表示が求められています。

　その他、契約に関する一般的な事項を定める民法や商法などの法律の内容を含めて、事業の段階に応じた法的規制については、常に意識をして確認していく必要があります。

■ Webサービスに関する法律 ……………………………………

電気通信事業法	・通信システムを利用して、利用者間の情報のやり取りを媒介する ⇒届出が必要になる
個人情報保護法	・顧客の氏名・住所などの個人情報の取得・第三者提供の際に守るべき規制 ・取得した個人情報に関する情報管理措置
特定商取引法	・通販(通信販売)に関するルール(法定事項の表示、返品制度など)

自分が運営するネットショップを検索結果の上位にするためにSEO契約を結ぼうと思っています。何か問題点はありますか。

検索結果が上位にならなくても、賠償の請求や解除ができない場合があります。

SEO（Search Engine Optimization）とは、サーチエンジンの検索結果で、対象とするサイトを上位に表示させるための対策のことです。とくにネットショップなどでは、多くの人の目に触れることが、収益をあげるため必要になります。そこで、SEOを専門とする業者に対応を依頼する場合があります。

しかし、検索結果の上位に表示されることが、契約で保証されていない可能性があることは注意が必要です。業者側もSEOがアルゴリズム（処理手順）の変更やライバルの増加に伴い、結果を出すのが難しいことを知っています。そこで、契約書に結果を保証する文言を入れない可能性があります。そのため、自分が期待していたランクで表示されなかったとしても、契約で保証されていない以上、債務不履行による賠償請求や契約の解除ができないおそれがあります。また、対象サイトへの訪問者を増やすために、アダルトサイトなどにリンクを貼られてしまう可能性もあります。この場合、サイトの閲覧者は増えますが、ショップの評判を下げることになります。

そこで、検索結果の上位ランクを具体的に指定し、サイトが指定ランクに表示される期間に応じて成功報酬にするなど交渉してみるとよいでしょう。なお、SEOの成果まである程度の期間が必要ですので、半年以上の契約期間を設定するのが望ましいといえます。

Question 8 私の名前を使ってキーワード検索したところ、私を誹謗中傷するサイトが検索結果の先頭に出てきます。なんとか下位に落とす方法はないものでしょうか。

SEO対策を専門とする会社に依頼するという選択肢があります。

　誹謗中傷行為をやめさせるためには、サイトそのものを削除するように、サイト管理者に要求するのが根本的な解決です。しかし、サイト管理者が削除要求に応じない場合には、訴訟手段をとらざるを得ませんし、サイトが削除されるまでには時間がかかることになります。また、検索サービス提供事業者などに、検索結果からの削除を事業者に求めても任意に対応してもらえるかどうかはわかりません。ただ、自分を誹謗中傷する言葉や知られたくない内容の情報が、インターネット上に公開されている状態を一刻も早く何とかしたいと考えるのは当然のことだと思います。

　もっとも、削除には時間がかかるとしても、一時的に当該サイトを検索結果の下の方にもっていく方法はあります。SEO対策に詳しい人や、専門の会社に対応を依頼することです。具体的な方法としては、自分の名前を入れたサイトを大量に作成し、検索結果の上位を埋め尽くすというやり方で、結果的に誹謗中傷のサイトを下位に落とします。

　この方法によっても、サイトそのものは存在するので、根本的な解決にはなりません。しかし、多くの人が検索結果で表示される上位のページしか閲覧しないため、見られたくない情報が公衆の目に触れる機会は低くなるといってよいでしょう。訴訟が解決するまでの一時的な対策として考えてみるとよいでしょう。

第2章

電子商取引・通信販売をめぐる法律知識

特定商取引法はネット取引に適用されるのでしょうか。

 ネット取引にも適用されるので、ホームページ上に特定商取引法で決められた情報を明示しなければなりません。

ネット取引（インターネット上での商品やデジタルコンテンツなどの販売）は、事業者と消費者との間で行われるため、消費者契約法の規制を受けるとともに、特定商取引法が定めている通信販売にあたるため、特定商取引法の規制も受けます。事業としてネット取引を始める場合には、実店舗の運営にあたって注意する事項に加えて、おもに次のような事項にも注意しましょう。

まず、①商品の販売価格と送料、②返品に関する事項（返品特約の有無など）、③代金の支払時期と方法、④商品の引渡時期、⑤事業者の氏名（名称）、住所、電話番号、⑥代表者または業務の責任者名など、特定商取引法で定められた通信販売の広告記載事項を商品の広告に表示します。とくに②に関して、購入後の返品を受け付けないときは、返品不可であることを明示する必要があります。返品について明示しない場合は返品可能と扱われます。ただし、返品不可と明示しても、商品に欠陥がある場合や、広告と商品が異なる場合などは、返品や交換に応じなければなりません。

また、商品引渡しの前に購入者から代金を少しでも受け取った場合（前払い）、購入者への商品の引渡しに時間を要するときは、申込みを承諾するかどうかなどについて、遅滞なくメールもしくは書面で購入

者に通知する必要があります。

●特定商取引法が適用される場合とは

　特定商取引法は、特定商取引を行う販売業者または役務提供事業者を規制対象としています。事業者ではなく個人であっても、営利目的で反復継続して取引を行っていると判断されるときは、特定商取引法の規制を受けます。そして、事業者と消費者との間のデジタルコンテンツ（デジタル形式の映像作品、書籍、音楽など）のネット取引についても、通信販売として特定商取引法の規制対象となります。

　一方、販売業者や役務提供事業者ではない消費者である個人同士の取引（個人間のオークション取引など）の場合は、特定商取引法による規制対象外です。たとえば、ネット取引のために事業者がホームページを開設し、取引の場を提供しているにとどまる場合、事業者は取引の当事者ではなく、他人間の取引の媒介にすぎないため、特定商取引法の規制は受けません。ただし、媒介ではなく販売を委託されているときは、委託された事業者は規制対象に含まれます。また、通信販売による権利の販売は、特定商取引法が定める「特定権利」を対象とするものでなければ、特定商取引法の規制対象外です。

■ 特定商取引法の規制対象となる取引 ……………………………

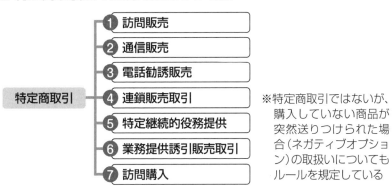

特定商取引
❶ 訪問販売
❷ 通信販売
❸ 電話勧誘販売
❹ 連鎖販売取引
❺ 特定継続的役務提供
❻ 業務提供誘引販売取引
❼ 訪問購入

※特定商取引ではないが、購入していない商品が突然送りつけられた場合（ネガティブオプション）の取扱いについてもルールを規定している

電子商取引と通常の取引はどう違うのでしょうか。

電子的なネットワークを介して行われる商取引のことです。

　商取引とは、具体的に言うと、物を売る人やサービスを提供する人と物を買う人やサービスの提供を受ける人との間で、物の売買やサービスの提供に関する契約を締結することです。消費者と事業者との間での取引は、知識などの点で対等とはいえないため、消費者契約法の規制がある他、特定商取引法などの法律が適用される場合があります。これに対し、事業者間の取引は、消費者契約法や特定商取引法などが適用されませんが、公平・適正な取引が行われるようにするために、不正競争防止法や独占禁止法などの法律による規制が及びます。

　そして、商取引の中でも、インターネットをはじめとした電子的なネットワークを介して行われる商取引を電子商取引といいます。対面で取引を行う場合は、相手の様子や企業の雰囲気などを実際に目で見て判断できますが、電子商取引ではそれができません。売買契約を締結しても、それがいつ成立したものであるか、わかりにくいという問題もあります。また、電子商取引の場合、契約が成立していることを示すものは、紙ではなく電子データです。電子データは、その性質上、改ざんされたりコピーされたりしやすいため、紙に比べると契約の証拠としての能力は低いといえます。さらに、電子メールなどを利用して情報の送受信を行うことから、個人情報が漏れる可能性も高く、実際に個人情報が漏れたケースが多数見られます。

そのため、電子契約法（電子消費者契約に関する民法の特例に関する法律）や電子署名・電子認証の制度などにより、電子商取引の安全が図られています。

●電子消費者契約の成立時期

　電子消費者契約（下図の「対象」に該当する契約）は、民法の原則のとおり、承諾の通知が相手に到達したとき成立します（到達主義）。たとえば、インターネット上の店舗での商品の取引では、注文を受けた店舗が、消費者（購入者）から事前に伝えられたアドレス宛てに承諾の通知を送ることになります。そして、この通知が購入者に到達した時点で、商品の売買契約が成立します。

●操作ミスに対する救済措置

　事業者には、消費者が電子消費者契約の申込みを確定させる前に、自分が申込みの内容を確認できるようにする義務が課せられています。申込みの内容が確認できるようになっていない場合、消費者は、操作ミスがあっても契約の意思表示の取消しができるわけです。

　なお、事業者が消費者による申込みの内容を確認できる画面を作るなどの措置を講じていれば、操作ミスを理由に消費者が契約の意思表示の取消しを主張できない可能性が高くなります。

■　電子契約法のしくみ ……………………………………………

対　象	効　果
①電子商取引のうち、 ②事業者と消費者との間の、 ③パソコンなど（電子計算機）を使った申込みや承諾を、 ④事業者が設定した画面上の手続に従って行う契約	①操作ミスなどによる意思表示の取消を認める ②事業者側に意思確認のための措置をとらせる ③相手方へ承諾の意思表示が到達したときに契約が成立する

ネットで税金の申告をしようと
思うのですが、電子署名が必要
だといわれました。電子署名と
はどんなものなのでしょうか。

電子署名の活用や法律の運用によってトラ
ブルの回避が図られています。

　電子商取引は、対面取引と違って実店舗などに赴かないで行うこと
ができるため、取引の相手の顔が見えないという特色があります。さ
らに、契約がいつ成立したのかが不明確になりやすいという問題点も
あります。契約の成立時期が不明確になりやすいということは、契約
の申込みの撤回や契約の解除をいつまで行うことができるのかなど、
法律上の権利を行使できる状況であるかのが否かがはっきりしない
ケースが生じやすいことになります。

　また、電子商取引では電子メールやPDFファイルなどの電子デー
タを使用しますが、紙と比べたときに改ざんやコピーが容易であると
いう弱点があります。とくにショッピングや金融取引のオンライン化
が進み、便利なツールとして電子商取引の利用が拡大する一方で、電
子商取引を原因としたさまざまなトラブルが発生しているのが現状で
す。そこで、電子署名・認証の活用や、電子契約法などの法律の運用
によって電子商取引の安全の確保が図られています。

●電子署名・電子認証とは

　電子署名とは、紙文書の署名と同様のものです。現在では、電子署
名として公開鍵暗号方式と呼ばれる技術が広く使われています。公開
鍵暗号方式は、秘密鍵と公開鍵という2つのデータを使います。この
2つのデータは、印鑑登録制度と似たしくみで、それぞれ印鑑と印影

のような役割を果たします。電子署名が本人のものかの確認は、電子的な本人確認資料である電子証明書を発行する方法によって行います。

　電子証明書は、公的個人認証サービスや商業登記認証局などの認証機関が発行します。認証機関に電子証明書を発行してもらうには、あらかじめ身元を証明できる資料とともに、本人が認証機関への申請手続きを済ませていることが必要です。電子証明書の取得は、とくに個人の場合には「マイナンバーカード」（個人番号カード）を入手する方法によります（市区町村の窓口への申請により発行されます）。マイナンバーカードには、公的個人認証サービスの電子証明書（ICチップ）がついています。

　以上のように、電子署名や電子証明書などを利用して、さまざまな取引をする際に本人確認を行うための一連のシステムのことを電子認証といいます。電子署名・電子認証のシステムができたことにより、税金に関する確定申告（e-Tax）や、行政機関などへの申請・届出が、インターネットを介して行うことができるようになりました。

■ 電子認証のしくみ ･･････････････････････････････････････

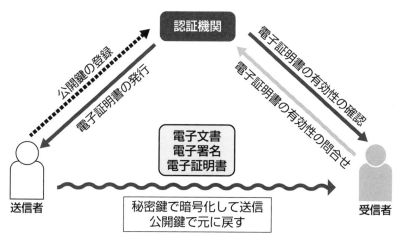

電子契約の成立時期と操作ミスに対する救済措置について教えてください。

受けた注文に対して店舗側が送った承諾のメールが顧客側に到達した時点で成立します。

当事者間で電磁的なネットワークを介して結ばれる契約を電子契約（電子商取引）といいます。そして、電子契約のうち、事業者と消費者との間で締結される契約であって、パソコンなどの電子計算機を使った申込みや承諾の意思表示を、事業者が設定した画面上の手続きに従って行う契約のことを電子消費者契約といいます。

かつての民法では、当事者同士が離れた場所にいる契約（隔地者間の契約）は、承諾の通知が相手に向けて発信した段階で契約が成立する（発信主義）と規定していました。契約の原則（民法の原則）は、承諾の通知が相手に到達した時点で成立するが（到達主義）、隔地者間の契約は、通知の発信から到達までタイムラグが生じるため、承諾の通知について発信主義を採用していたのです。

これに対し、電子契約であれば、お互いに離れた場所にいても、承諾の通知が発信とほぼ同時に相手（顧客側）に到達します。そこで、電子契約法では、電子消費者契約について民法の規定を適用せず、承諾の通知が相手に到達した時点で契約が成立すると規定していました。

しかし、令和２年施行の改正民法で、契約の成立時期を到達主義に一本化し、発信主義を廃止したため、現在では、電子契約を含めたすべての契約が到達主義を原則としています。なお、特定商取引法などが規定するクーリング・オフは、消費者保護の観点から発信主義を採

用しています（発信すればクーリング・オフの効力が生じます）。

●申込みの際の消費者の操作ミスと救済措置

　電子契約法では、消費者の操作ミスの救済が図られています。契約の原則（民法の原則）によると、重大な不注意による錯誤（勘違い）によって契約の申込みや承諾の意思表示をしたときは、原則として、錯誤による意思表示の取消し（契約の取消し）を主張することができません。そして、商品を購入する消費者による操作ミスは、重大な不注意と判断される可能性が高いといえます。そのため、電子契約法では、民法の原則に対する例外を規定しています。

　具体的には、事業者側には、消費者が電子消費者契約の申込みを確定させるより前に、消費者が申込内容を確認できるような措置（確認措置、次ページ）を講じる義務が課せられています。そして、申込内容が確認できるようになっていない（確認措置が講じられていない）場合で、消費者が操作ミスをして契約の申込みをしたときは、その消費者は、自身に重大な不注意があっても、契約の申込みの意思表示を取り消すことができます。

　これに対し、消費者が申込内容を確認できるような措置を事業者が講じていた場合、消費者は、操作ミスが重大な不注意であると判断されると、錯誤を理由として契約の申込みの意思表示を取り消すことができなくなります。この点は、消費者から申込みの内容を確認する画面の表示は不要であるとの申し出があった場合も同様です。

■ 電子契約の成立時期 ……………………………………………

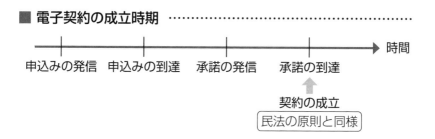

商品の申込画面を作成する際の注意点について教えてください。

消費者が誤認することのないように、わかりやすい申込画面を作る必要があります。

消費者に対して商品やサービスを販売するホームページを作成する際には、電子契約法や特定商取引法のルールに適合していることを確認するのが大切です。たとえば、電子契約法のルールに関しては、①申込画面に消費者が申込みを行う意思があるかどうかを確認するしくみ（確認措置）があること、②消費者が「確認措置は不要」との意思を表明しているかどうかを確認します。ホームページ上の申込画面が一定の条件をクリアする場合には、電子契約法のルールにより事業者側が①の確認措置を講じていると考えられます。この場合は、民法のルールがそのまま適用されるため、重過失のある消費者は、錯誤を理由に申込みの取消しの主張をすることができません。

●確認措置が不要な画面を作成する場合の注意点

消費者が積極的に自分から望んで確認措置が必要ないと事業者に伝えたと判断できる画面を作成することです。たとえば、チェックボックスに消費者がチェックを入れることで、初めて確認措置が不要であることの意思表明になるという具合に、消費者が積極的に確認措置が不要であると選択したことが判断できるしくみにすることが必要です。

これに対し、事業者によって確認措置が不要とするように誘導された場合や、確認措置を求める場合は積極的に消費者がその選択をしなければならないような画面となっている場合は、消費者が「確認措置

は不要」という意思表明をしたとの認定はなされないと考えられます。

●**通信販売の最終確認画面に必要な表示に注意**

　令和4年6月施行の特定商取引法改正で、インターネットを利用した方法によるか、事業者所定の書面により、事業者が消費者から通信販売に関する契約の申込みを受ける場合を「特定申込み」と定義し、特定申込みを受ける事業者は、最終確認画面または申込書面に以下の事項を表示することが、罰則付きで義務付けられました。

①　提供する商品、権利または役務の分量

②　販売価格または役務の対価（送料も表示が必要）

③　代金または対価の支払の時期・方法

④　商品の引渡時期、権利の移転時期または役務の提供時期

⑤　申込期間の定めがあるときは、その旨およびその内容

⑥　契約の申込みの撤回または解除に関する事項（売買契約に係る返品特約がある場合はその内容を含む）

　また、事業者が上記の表示義務に違反したことにより、誤認して契約の申込みをした消費者は、契約締結時から5年間または追認可能時から1年間、その申込みの取消しができるようになりました。

■ **申込画面と確認画面** ………………………………………………

お申込内容
商品：○○○○
数量：1個
価格：2,500円（税込）
購入する

ご注文内容の最終確認	
商品：○○○○	数量：1個
価格：2,500円（税込）	送料：500円（税込）
支払方法：クレジットカード一括	
支払総額：3,000円（税込）	
送付先：○○○○様　○○県○○市○○町○○	
発送方法：○○○○　お届日時：○月○日午前中	
返品について：○○○○○○○○○○○○○○	
注文を確定する　TOPに戻る（注文は確定しません）	

ネット通販で購入の申込みをした後に思い直し、申込みを取り消すことは可能でしょうか。

申込みの取消し（撤回）が通販業者からの承諾の通知よりも先に通販業者に到達していれば、契約不成立となります。

ネット通販（インターネットショッピング）は、深夜でも購入の申込み（注文）ができるため、店舗の人が申込みをその時点で確認していない場合があります。民法では、契約は、承諾の通知が申込者に到達した時点で成立するとされています（到達主義）。また、相手による承諾の通知が申込者に到達するより前に、申込者による申込みの取消し（撤回）の通知が相手に到達した場合は、契約が成立しません。

したがって、ネット通販の店舗からの承諾の通知が到達する前に、申込みの取消しの通知を店舗に送信し、それが店舗からの承諾の通知を受け取る前に届いていれば、契約は成立しておらず、購入の申込みをした人には商品を購入義務が発生しません。

ただ、ネット通販の場合には、在庫管理システムを構築している業者も多く、そのようときは、顧客が注文をすると在庫の有無を瞬時に確認し、在庫があるときは直ちに承諾の通知を送ってくる通販業者も存在します。この場合は、ほぼ「注文＝契約成立」となるので、申込みの取消しを行うことは事実上できないといえるでしょう。

ただ、申込みの取消しができないとしても、通販業者の約款に従って返品をすることや、届いた商品に欠陥があることを理由とする契約の解除などをすることは可能です。

7

ネットのチケット申込後に違うチケットを購入したことに気づきました。ムダなチケットの購入は避けたいのですが、どうしたらよいでしょうか。

販売者が申込内容を確認する機会を与えていなかった場合は、重大な過失があっても申込みの取消しができます。

インターネットによる商品などの購入は、自宅で手軽に行える反面、ミスが出やすいという危険があります。本来、契約の重要な部分に錯誤があった場合、意思表示の際に重大な過失がない限り契約を取り消すことができます。ただ、インターネット取引では、販売者と消費者が離れた場所にいるため、購入時に重大な過失があったかどうかを認定するのが難しいという問題が出てきました。

そのため、電子契約のルールについて規定している電子契約法では、インターネットなどによる取引の際に、消費者が誤って本来の意思と違う申込みをしたとき、販売者が申込内容を確認する機会を与えていなかった場合は、「重大な過失」の有無を問わず錯誤が認められ、取引の取消しを主張できるとしています。これは、たとえば入力内容を表示して「この内容で申込みをしていいですか」と承諾を求めることを怠った場合です。なお、消費者が確認画面で承諾した場合には、錯誤は認められません。

今回のケースで、確認画面の表示がされなかった場合は、この規定が適用されます。ただ、この法律は日本国内の法律です。サイト運営者が海外事業者である場合は適用されない可能性がありますので注意してください。

ユーザーを誤解させ、不利な決定に誘導するダークパターンについて教えてください。

特定商取引法が改正され、ダークパターンなどによる詐欺的な定期購入商法への対策が規制されることになりました。

民法上の詐欺・強迫にあたらなくても、消費者を誤認させたり困惑させたりする一定の悪質性のある行為がなされると、消費者が適切に判断できなくなるので、何らかの規制が必要といえます。その中でも広く消費者の心理に働きかける事業者の行動に対して取消権を認めるべきではないかが問題となり、以前から議論されています。とくに問題視されている事業者の行動を「ダークパターン」といいます。

ダークパターンとは、たとえば、通常購入ボタンよりも定期会員購入ボタンの方を目立つ配色や大きさにしているように、Webサイトなどのユーザー（消費者）を誤解させ、不利な決定に誘導するために作られたユーザーインターフェースのことです。

●ダークパターンを規制し消費者を保護

ダークパターンの例として、「チェックを外さずに商品を購入し、知らない間にメルマガ購読や商品定期購入を申し込んでいた」「理解が困難な読みにくい条項を提示し、同意しなければ商品やサービスにアクセスしにくくする」「『在庫わずか』と強調して購入をあおる」「登録方法は簡単なのに退会方法がわかりにくい」などがあります。

世界的に消費者を不利な状況に追い込む悪質サイトの設計は問題視されており、GDPR（EU一般データ保護規則）やアメリカ連邦取引

委員会などで規制が進んでいます。日本でもダークパターンから消費者を保護するため、消費者庁が特定商取引法の改正に向けた検討を開始した結果、令和3年成立の改正で、定期購入でないと誤認させる表示に対する直罰化や、そのような表示によって申込みをした場合に申込みの取消しを認める制度が、令和4年6月から導入されました（通信販売の詐欺的な定期購入商法への対策）。

　消費者問題に関しては、問題提起がなされれば、それが徐々にではあるものの改善されていく傾向にあるので、消費者であるユーザーがまず声を上げることが必要なのかもしれません。

●罰則を設けて誤認表示を禁止、申込みの取消しも可能に

　令和3年成立の特定商取引法の改正では、近年増加傾向にある詐欺的な定期購入商法の対策として、インターネット通販（ネット通販）を含めた通信販売に関し、定期購入ではないと誤認させる表示などについて罰則を設けて禁止しています。また、定期購入ではないという誤認表示により通信販売の申込みをした場合に、その申込みを取り消すことを認める制度が新設されました。誤認などを防ぐためには、最終確認画面に定期購入のおもな内容をすべて表示し、かつ、注文確定ボタンを離れた場所に表示しないことが求められます。

■ ダークパターンの規制 ‥‥‥‥‥‥‥‥‥‥‥‥‥‥‥‥‥‥‥‥

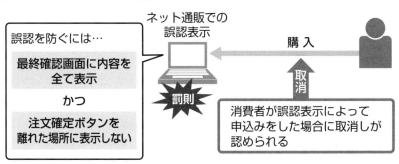

消費者契約法上無効とされる特約条項とはどのような条項でしょうか。

Answer 不当に責任を免除する条項は認められません。

　事業者がネット取引を行うときは、あらかじめ消費者に約款（規約）を閲覧させ、その内容に同意してもらいます。しかし、「消費者に損害を与えても当社は一切責任を負わない」といったような条項は、事業者が不当に責任を免除しようとするものであり、事業者には一方的に有利で、消費者には一方的に不利である不当条項であるとして、その効力が認められない場合があります。したがって、消費者との間で以下のような条項を定めても、消費者契約法によって無効となる場合があることに注意しなければなりません。

・**債務不履行による損害賠償責任の全部免除特約**

　事業者としては、後から問題が発覚した際に責任を負うことを避けるため、債務不履行による損害賠償責任を免除する条項を置くことがあります。しかし、消費者と事業者との契約の際に、事業者の債務不履行による損害賠償責任の全部を免除する条項（全部免除特約）を置いても、その条項は消費者契約法により無効になります。

　その結果、債務不履行の事業者は、民法やその他の法律に基づき、消費者に対して損害賠償責任を負うことになります。

・**債務不履行による損害賠償責任の一部免除特約**

　たとえば「事業者の損害賠償責任は〇〇万円までとする」など、事業者の損害賠償責任の一部を免除する条項（一部免除特約）を消費者

と事業者の間で定めることは原則可能です。ただし、事業者に故意または重過失がある場合に一部免除を認める条項は、消費者契約法により無効になります。したがって、一部免除特約を設ける場合は、消費者契約法に違反しないために「事業者の故意または重過失による場合を除き、事業者の損害賠償責任の限度は30万円とする」といった条項を置くことが求められます。

・**不法行為責任の全部免除契約**

消費者契約法では、債務の履行の際に、事業者の不法行為により消費者に生じた損害について、その責任の全部を免除する条項（全部免除条項）を置いても無効になります。したがって、契約書に「いかなる事由においても、当社は一切損害賠償責任を負いません」という条項があっても、不法行為をした事業者は、消費者に対する損害賠償責任を免れないことになります。

・**不法行為責任の一部免除特約**

消費者と事業者の間では、不法行為による損害賠償責任の一部を免除する条項を設けることがあります。この一部免除条項は、債務不履行の場合と同じく、事業者に故意または重過失があるときに不法行為責任の一部免除を認める条項が無効になります。

・**契約不適合責任の免責特約**

契約不適合責任とは、とくに売買契約の目的物の種類・品質・数量・権利が契約の内容に適合しないときに、買主が売主に対して、履行追完請求権、代金減額請求権、損害賠償請求権、契約解除権を行使できるとする制度です。契約不適合責任は債務不履行責任のひとつであるため、契約不適合責任の免責特約の有効性も「債務不履行による損害賠償責任」の免除特約と同様に考えるのが原則です。つまり、全部免除特約および故意または重過失がある場合の一部免除特約を無効とするのを原則とします。

解除権を放棄させたり消費者の利益を一方的に害する条項は無効なのでしょうか。

消費者の解除権を放棄させる条項や消費者の利益を一方的に害する条項は無効になります。

　消費者の債務不履行で事業者に損害が生じた場合に備え、将来の損害賠償金の額（予定賠償額）を決めておくことがあります。これを損害賠償額の予定といいます。予定賠償額は当事者の約束で自由に決めることができますが、この原則を貫くと法律や契約に詳しくない消費者が過大な損害賠償額を負担しなければならない事態が生じます。

　そこで、消費者契約法9条では、消費者契約の解除に伴う損害賠償の額や違約金を定めたとしても、事業者に生ずべき平均的な損害の額を超える賠償額を予定した場合には、その超える部分を無効と規定しています。また、消費者の金銭支払債務の履行が遅れた場合の損害賠償額をあらかじめ定めたとしても、年14.6％を超える損害賠償額を設定した場合には、その超える部分を無効と規定しています。

●消費者の解除権を放棄させる条項の無効

　事業者に債務不履行が生じた場合、消費者が債務不履行による解除権を行使できないように、あらかじめ消費者の解除権を奪っておくことがあります。これを解除権を放棄させる条項といいます。

　しかし、消費者契約法8条の2では、事業者の債務不履行により生じた消費者の解除権を放棄させる条項を無効であると規定しています。事業者としては、契約の中に消費者の解除権を放棄させる条項を設けていたとしても、その条項自体が無効になるため注意が必要です。

●**消費者の利益を一方的に害する条項の無効**

　前述した条項の他、消費者の利益を害する条項にはさまざまなものがあります。そこで、消費者契約法10条では、消費者の不作為を新たな消費者契約の申込みまたはその承諾とみなす条項や、消費者の利益を一方的に害する条項が無効であると規定しています。

　そして、消費者の利益を一方的に害して無効となる条項は、①法令中の公の秩序に関しない規定の適用による場合に比べて、消費者の権利を制限し、または消費者の義務を加重する、②信義則に反して消費者の利益を一方的に害する、という2つの要件をすべて満たしている条項です。

　たとえば、事業者の債務不履行責任が問題となった場合に、消費者に一切の立証の負担（立証責任）を負わせるような条項は、民法の規定よりも消費者の義務を加重しており、しかも消費者の利益を一方的に害するといえるので、このような条項は無効とされます。事業者の債務不履行責任が問題となった場合、民法の原則によれば、自らの帰責事由がないこと（民法415条で定める債務不履行に基づいた損害賠償請求を免れるための要件）など、事業者が立証責任を負うことになる事項があるからです。

■ **消費者の利益を一方的に害して無効とされる条項の例** ………

> 第○条　本契約の履行について民法415条で定める債務不履行責任が問題となった場合、甲が一切の立証の負担を負うものとする。

> 事業者が立証責任を負う事項もあるのに、甲（消費者）に一切の立証の負担を負わせるのは、甲の利益を一方的に害するので無効！

定型約款を利用した取引では定型約款の準備者側にどんな義務があるのでしょうか。

　相手方から定款約款の表示の請求があった場合は、遅滞なく相当な方法でその内容を表示しなければなりません。

　民法では、定型約款を「定型取引において、契約の内容とすることを目的としてその特定の者により準備された条項の総体をいう」と定義しています。「定型取引」とは、ある特定の者が不特定多数の者を相手とする取引であって、その内容が「画一的」であることが双方にとって合理的なものをいいます。保険約款、預金規定、通信サービス約款、運送約款、カード会員規約は、すべてのユーザーに共通する内容なので、定型約款にあたる可能性が高いといえます。

　たとえば、月額課金のオンラインストレージサービスを提供するA社の例を考えてみましょう。A社はユーザー登録画面に利用規約を表示して、その利用規約が契約内容に含まれることに同意するとのボタンがユーザーによって押されてから、月額課金サービスに移行する方法を採っているとします。

　この場合、ユーザーが利用規約のすべての条項を把握して合意していることは通常期待できません。しかし、利用規約が契約の内容とはならないとされると、個別に契約交渉をするなどの煩雑な手続が必要となり、A社にとってもユーザーにとっても事務処理の負担が増えます。そこで、不特定多数の者との画一的な取引を迅速かつ効率的に行うため、利用規約を定型約款として契約の内容とすることが便利です。

●定型約款の内容

　民法では、定型取引を行うことの合意（定型取引合意）があった際に、①定型約款を契約の内容とすることの合意もあった場合、または②定型約款準備者が定型約款を契約の内容にすることをあらかじめ相手方に表示していた場合、のいずれかに該当する場合には、定型約款の個別の条項について合意があったとみなすと規定しています。これを「みなし合意」といいます。

　このように定型約款について特別な効力を与えることで、定型取引において画一的な契約関係の処理が可能になります。とくに②の場合は、相手方が定型約款をまったく見ていなくても合意があったとみなされる場合があることになります。

　みなし合意の制度は、不特定多数の人との画一的な取引を迅速かつ効率的に行うために有用なものです。しかし、常に合意があるとみなされると不都合が生じる場合もあります。そのため、一定の場合に、個別の条項をみなし合意の対象から除外する規定を置いています。具体的には、相手方の権利を制限したり、義務を加重したりする条項であって、定型取引の態様・実情や取引上の社会通念に照らして、信義則（信義誠実の原則）に反して相手方の利益を一方的に害すると認められるときには、そのような個別の条項については合意をしなかったものとみなされます。

　この除外規定に該当する条項の例として、不当条項や不意打ち条項が挙げられます。不当条項とは、契約違反をした相手方に過大な違約金を課する条項や、反対に、定型約款準備者（定型約款を準備した人）の責任を不当に免責したり、損害賠償額を不当に僅少にしたりする条項などを指します。不意打ち条項とは、定型取引と関連性のない製品やサービスを、通常予期しない形でセット販売している条項などを指します。

●定型約款の表示（開示）義務

　定型取引を行い、または行おうとする定型約款準備者は、定型取引合意（定型取引を行うことの合意）の前に、または定型取引合意の後相当の期間内に、相手方から表示（開示）の請求があった場合には、遅滞なく、相当な方法でその定型約款の内容を表示しなければなりません。たとえば、相手方から請求されたときに定型約款を掲載したWebページのURLを提示するなど相当な方法で表示することになります。

　なお、定型取引合意の後相当の期間内における相手方からの表示請求を拒否した場合でも、定型約款自体は契約の内容になります。ただし、この場合は定型約款を表示する義務が履行されておらず、定型約款準備者は債務不履行責任を負う可能性があります。

　これに対して、定型取引合意の前に相手方から定型約款の表示の請求があったのに、正当な理由なく拒否した場合は、みなし合意の規定が適用されず、定型約款自体が契約の内容にはなりません。

■ 定型約款を利用した取引 ……………………………………………

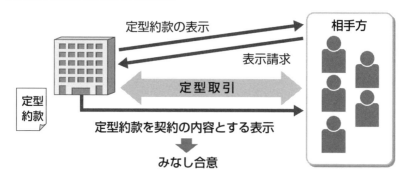

12 Question 定型約款を個別の合意なく変更することはできるのでしょうか。

一定の要件を満たしている場合、相手方の個別の合意がなくても定型約款を変更できます。

取引約款を作成してネットショップを運営するなど、定型約款を利用して不特定多数の相手方と取引を開始している状態でも、事後的にその定型約款を変更する必要性が生じることも多いでしょう。その場合に、すでに取引関係にある人に個別に合意を求めるとすれば、円滑な取引ができなくなるおそれがあります。

このような点を考慮し、民法では、一定の要件を満たしている場合に、相手方の個別の合意がなくても定型約款を変更できるとしています（個別の合意なき定型約款の変更）。具体的には、個別の合意なき定型約款の変更が認められるためには、次のいずれかの要件を満たす必要があります。

1つは、定型約款の変更が相手方の一般の利益に適合するものであることです。もう1つは、定型約款の変更が契約の目的に反せず、かつ、変更の必要性、変更後の内容の正当性、約款上の変更に関する定めの有無・内容、その他の変更にかかる事情に照らして合理的なものであることです。

なお、いずれかの要件を満たしている場合において、実際に定型約款の変更が効力を生じるには、①定型約款を変更すること、②変更後の定型約款の内容、③変更後の定型約款の効力発生時期の3点について、インターネットその他適切な方法で周知することが必要です。

Question 13 利用規約への同意はどのように求めればよいのでしょうか。

 顧客が会員登録や商品の注文前に利用規約を表示して同意を求めるとよいでしょう。

　ネットショップでは、多くの顧客を相手にするため、取引ごとに契約書を作成することは現実的でなく、契約書の代わりになる取引条件の明示方法が必要になります。そこで、多くのネットショップでは、利用規約を定めて、取引に関する諸条件を示しています。利用規約を定めれば、顧客との取引条件を一律に定めることができ、平等かつ標準化された取引を実現することができます。この点から、利用規約の作成は、売り手にも買い手にもメリットのある方法といえます。

　一般的には、ネットショップへの会員登録や商品の注文を受ける際に、その諸条件として顧客に利用規約への同意を求めるという方法がとられています。利用規約への同意を求める際には、会員登録や商品の注文を確定させる前の画面に利用規約を表示して、利用規約に同意しないと顧客が会員登録や商品の注文を行うことができないしくみにするとよいでしょう。

　顧客が利用規約に同意して商品を注文したことを主張しやすくするためには、①利用規約が目につきやすいところに読みやすく表示されている、②利用規約が容易に理解できる表現である、③利用規約に同意するボタンをクリックしないと会員登録や商品の注文ができないようにすることで「利用規約に同意した」という証拠を確実に残す、という3つの条件を満たすことが有効な手段となります。

利用規約を作成する際には どんなことに注意すればよ いのでしょうか。

強行法規に反しないことや利用規約を定め るときに考慮すべき共通の事項をおさえて おく必要があります。

利用規約には、当事者が取引（契約）をするためのルールが記載さ れています。契約の内容は当事者の合意で自由に決められるのが原則 です。ネットショップが利用規約を利用して取引をする場合は、ネッ トショップがあらかじめ利用規約の内容を決めており、顧客がその内 容に同意した場合に、商品購入などの契約が有効に成立します。

しかし、事業者が利用規約の内容を決められるといっても、一切の 制約がないわけではありません。強行規定に反する契約の内容は、顧 客の同意を得ていても無効となります。とくに顧客が消費者である場 合は、事業者の責任を不当に制限する規約の条項や、消費者に過大な 損害賠償義務を負わせる条項などが消費者契約法により無効とされる ため、利用規約の作成にあたりよく確認することが必要です。

●利用規約の具体的内容

運営しようとするネットショップで取り扱う商品（サービス）の特 性や価格などによって異なります。しかし、どのようなネットショッ プであっても、利用規約を定めるときに考慮すべき共通の事項もあり ます。以下、考慮すべき共通事項について見ていきましょう。

① 契約の成立時期に関する条項

対面取引と違い、ネットショップで商品（サービス）を購入する場

合、注文を受けたショップが指定された顧客のアドレス宛に承諾メールを送ります。法律上は承諾メールが顧客のメールサーバに記録された時点で契約が成立しますが（到達主義）、これを利用規約に定めることで、法律に詳しくないことの多い顧客とのトラブル（認識のズレ）を回避できます。また、原則とは違った契約成立時期を設定することも考えられます。

② 諸費用の負担に関する条項

諸費用の代表例は送料です。とくに顧客（購入者）が送料を負担する場合は、どのような配送方法を用いるのか、配送地域によって送料が異なるのかなどを明確に定めておく必要があります。部品代、組立料、梱包料、登録料など、その他の諸費用が必要な場合も、トラブルが生じないよう詳細を記載しておく必要があります。

③ 返品・返金・交換に関する条項

商品の返品や返金・交換などへの対応は避けられない事項であり、特定商取引法における返品特約の表示義務との関係からも、利用規約で明示することが望ましいといえます。返品（交換）の際の送料は誰が負担するのか、返品（交換）の受付期間は商品受取後何日以内か、返金（交換）までの期間、返金方法など、互いの認識が一致するように明示することが必要です。その他にも、返品（交換）できる商品は未開封のものに限定する、開封済みでも未使用のものに限定する、といった条件の詳細も記載しましょう。

④ 免責事項

ネットショップを運営する上で、ショップ側が必要以上の責任を負うことを避けるために定められるのが免責事項です。しかし、「当社は当サイトより生じる一切の責任を負わないものとします」というようにすべての責任を回避しようとしても、とくに顧客が消費者である場合には、消費者契約法によりその条項そのものが無効となります。

そこで、不当な責任を負わない範囲内で、かつ責任が限定的なもの

となるように、免責事項を列挙するとよいでしょう。具体的には、損害賠償金の上限額を設定する方法や、「当社に故意または重大な過失がある場合を除いて免責する」と定める方法が有効です。

●権利譲渡の禁止に関する条項

　たとえば、月額固定料金を支払うことでホームページに掲載されている写真素材をダウンロードできるサービスを提供している場合、顧客によるサービスを利用する権利の譲渡を許してしまうと、事業者にとっては、誰がサービスを利用しているのかがわからなくなる可能性がある他、譲渡先が反社（暴力団などの反社会的勢力）である危険性などがあります。そこで、「本規約に基づく権利の全部または一部を第三者に譲渡してはならない」というように、顧客側の禁止事項として権利譲渡の禁止を明示する方法がとられます。

■ ネットショップの利用規約で考慮すべき共通の事項 …………

条 項	ポイント
契約の成立時期に関する条項	法律上は承諾のメールが顧客側のメールサーバに記録された時点で契約が成立する（到達主義）
諸費用の負担に関する条項	送料、部品代、組立料、梱包料、登録料などの詳細を明示する
返品・返金・交換に関する条項	返品・交換の際の送料負担、受付期間、返金・交換までの期間、返金方法などを明示する
免責条項	事業者が必要以上の責任を負うことを避けるために定める（全部免責特約は定めない）
権利譲渡の禁止条項	顧客側の禁止事項としてサービスを受ける権利を第三者に譲渡できないよう定める
準拠法と管轄裁判所	準拠法は日本国法、管轄裁判所は事業者の本店を管轄する裁判所とすることが多い
利用規約の変更条項	事業者による一方的な利用規約の変更について「利用者が同意したとみなす」と扱えるようにする

 海外に住む人との取引で、トラブルを拡大させないため、どんな条項を設けておくとよいでしょうか。

 取引に関しては日本国法に準拠するといった条項を定めておくべきです。

　ネットショップの場合、遠方の地域に住む人との間で取引することも多く、時には海外（日本国外）に住む人を相手に取引をすることもあるため、準拠法や管轄裁判所の規定は非常に重要です。

　まず、取引に関して準拠法を定める条項がない場合は、「法の適用に関する通則法」によって、その取引について「最も密接な関係がある地」として、外国法が適用される場合があります。その場合、取引についてトラブルが生じたときは、相手の国の法規が準拠法になり、その対応が大変になるでしょう。そこで、「本利用規約の解釈・適用は、特段の定めのない限り、日本国法に準拠するものとする」といった条項を定めておき、その取引について日本の法規が適用される（日本の法規が準拠法になる）ことを明らかにしておくのが必要です。

　また、当事者双方が日本国内に在住する場合の取引でも、北海道の事業者と四国における顧客との間で発生するような隔地者間のトラブルであれば、裁判を行う場所である管轄裁判所がどこになるかによって大きな有利・不利が発生します。そこで、利用規約には、「当社（事業者）の本店所在地を管轄する地方裁判所を第一審の専属的合意管轄裁判所とする」という条項を定めることが多いです。「専属的」という文言を入れることにより、特定の裁判所に管轄権を生じさせる効果があります。

16 利用規約の変更に関する条項を設けたいのですが、注意点はありますか。

変更の程度や変更が顧客に与える影響などを総合的に考慮する必要があります。

　取引環境の変化や運営上の気づきから、利用規約を変更する必要が生じることがあります。とくに商品やサービスを継続的に提供している場合は、あらかじめ「本利用規約の変更やサービスの廃止・変更について、利用者が同意したものとみなす」という条項を定めておくことが多いでしょう。しかし、このような承諾を得る手間を省くための条項を利用規約に盛り込んでいても、当然に個々の顧客の承諾（同意）なく自由に利用規約を変更できるとは限りません。

　利用規約の多くは定型約款にあたりますが、個々の顧客の承諾を得ずに定型約款を変更するには、①変更が顧客の一般の利益に適合する、②変更が契約の目的に反せず、かつ変更にかかる事情に照らして合理的である、という2つの要件を満たすことが必要です（51ページ）。したがって、利用規約の変更の有効性は、変更の程度や変更が顧客に与える影響などを総合的に考慮して決まるといえます。利用規約の変更が提供する商品やサービスの内容を大幅に変更する内容である場合は、あらかじめ個々の顧客の承諾を得るのが確実です。

　また、ネットショップが利用規約を変更する場合は、適切な予告期間を設けて、利用規約の変更内容と変更箇所をサイトのトップページに掲載して周知します。周知徹底が不十分だと、変更後の利用規約を顧客に適用できない場合があるので注意しましょう（51ページ）。

過去にトラブルがあった顧客からの注文を拒絶したいのですがどうすればよいでしょうか。

拒絶してもトラブルにならないように、利用規約に顧客による注文だけでは契約が成立しないことを明記しておきましょう。

ネットショップは、顧客の注文（契約の申込み）を承諾する義務を負いませんので、過去にトラブルがあった顧客と取引したくない場合は、申込みを承諾しないようにすればよいということになります。

ただし、単に注文を拒絶するだけではトラブルが発生するおそれがあるので、利用規約を活用してトラブルを回避できるようにするとよいでしょう。具体的には、利用規約に顧客による注文だけでは契約が成立しないと明記します。さらに、どのような場合にネットショップが注文を承諾したことになるのかを具体的に記載します。「注文を受け付けました」「注文を承りました」といった文面を、メールなどで顧客に通知した時点で注文の承諾になる場合もあれば、「ご注文の商品を発送しました」といったように商品の発送をメールなどで通知した時点で注文の承諾になる場合もあります。したがって、取引のどの時点で注文を承諾したことになるのか（契約が成立したことになるのか）を、利用規約にわかりやすく記載しておくことが重要です。

その他には、ネットショップが取引を拒絶できる場合について列挙した条項を設け、注文者が利用規約に同意することを確認する「同意する」のアイコンをクリックしないと、注文ができないようにすれば安心でしょう。

Q18 Question マッチングサービスでは、トラブルを防止するためにどんなことに注意したらよいでしょうか。

 **nswer** マッチングサービスにおいて生じる特徴的なリスクを理解しましょう。

マッチングサイトは、受注者（提供者）と発注者（利用者）とを結び付けるという特徴をもっています。したがって、その際に作成されるマッチングサービスの利用規約は、このようなマッチングサイトの特徴を理解した上で定めていくことが非常に重要となります。

① **オークションにおけるトラブルと責任**

オークションにおけるトラブルについて責任を負わないとの免責事項をもって、オークションにおけるすべてのトラブルの責任を負わなくてもよくなるのでしょうか。

たとえば、オークションサイト運営事業者が特定の出品者による出品を代行している場合は、積極的に販売に関わっており、オークションシステムを提供しているにすぎないとはいえないため、運営事業者に一定の損害賠償責任が生じます。また、積極的に販売に関わっていない場合でも、運営事業者に責任が生じる可能性を示した裁判例があります（名古屋地裁平成20年３月28日判決）。

この裁判例では、結果的に詐欺被害者より訴えられたオークションサイト運営事業者の責任を認めませんでしたが、運営事業者が「時宜に即して相応の注意喚起措置をとるべき義務がある」ことを示しています。この点から、インターネット上のオークションをめぐる社会情勢や関連法規、システムの技術水準、利用者の利便性などから総合的

に考えて、適切な注意喚起をするガイドラインなどを設けていなければ、自身が運営するオークションサイトにより被害を受けた人から責任を追及される可能性があるといえます。

② ショッピングモール

あらかじめ利用規約に「出店者や購入者がショッピングモールを利用することにより発生したトラブル、損失、損害に対して、一切の責任を負わないものとする」という約款を定めれば、購入者からの損害賠償請求を回避できるのでしょうか。

結論からいうと、出店されている店舗がショッピングモールの運営事業者自身が運営するものであると購入者に誤解を与えていなければ、直接には出店者と購入者との間に生じたトラブルについて、運営事業者が責任を負うことはまずないでしょう。しかし、店舗を運営事業者自身が営業しているとの誤解を与えたことにつき、運営事業者の落ち度があり、不利益の発生について購入者に重大な過失がないケースでは、運営事業者が責任を負う可能性があります。

■ マッチングサービスとは …………………………………………

マッチングサイトとは

運営側が商品、サービス、スキル、情報などの提供者と利用者を管理し、両者を引き合わせる（マッチングさせる）サイト

具体的な活用パターン

● BtoB（企業VS企業間の取引）
　　例：仕事（請負）の発注・受注のマッチング

● BtoC（企業VS消費者間の取引）
　　例：ショッピングモール、求人情報の提供

● CtoC（消費者VS消費者間の取引）
　　例：オークション、カーシェアなどのシェアリング

特定商取引法が適用される場合とされない場合があると聞きました。どんな場合なのかを教えてください。

 ネットショップやカタログ販売などの通信販売は特定商取引法の適用を受ける形態のひとつです。

通信販売とは、購入者が新聞・雑誌・テレビ・カタログ・インターネット・電子メールなどの広告を見て、郵便・電話・FAX・インターネット・電子メールなどを通じて購入の申込みをする販売形態をいい、購入者が消費者の場合は特定商取引法の規制が及びます。カタログ販売に加え、最近では、インターネットの普及によって、ネットショップを運営するサイトが増えています。カタログ販売やネットショップも特定商取引法の適用を受ける通信販売に該当します。

なお、消費者への電話による勧誘を伴うものは、別途、特定商取引法の規制が及ぶ電話勧誘販売という形態として規制されています。

通信販売では購入の押し付けなどはないため、消費者はゆっくり自分のペースで商品を選ぶことができるというメリットがあります。一方で、通信販売には、実際に手にとって商品を確かめることができないという弱点があります。商品の広告には、商品の写真や動画が部分的に載せられているだけの場合が多く、見栄えのよい状態で載せられていることも多いでしょう。商品の説明も100％正しいというわけではないかもしれません。

また、店舗で商品を見定めるときのように、店員に直接質問をすることもできません。この状況で購入すると、商品が届いたときに「自

分の思っていたものと違う」と感じることもあります。

このように、通信販売特有のトラブルもあることから、特定商取引法では通信販売にさまざまな規制を課しています。

●権利については特定権利に限定されている

通信販売については、原則として、すべての商品や役務の販売について特定商取引法が適用されます。ただし、権利については「特定権利」（たとえば、ゴルフ場・スポーツ施設・リゾート施設の会員権、音楽・映画・演劇・スポーツ・美術工芸品の観覧・鑑賞チケット、英会話サロン利用権、社債その他の金銭債権など）を販売する場合に限って特定商取引法が適用されます。権利を販売する場合は、その権利が特定権利に該当するか否かをチェックするようにしましょう。

●特定商取引法の適用が除外されるものもある

通信販売で商品などを販売しても、特定商取引法が適用されない場合があります。まず、事業者間の取引には適用されません。裏を返せば、事業者と消費者との間の取引にのみ適用されるということです。

また、海外の人に販売する場合や、事業者が従業員に販売する場合なども適用されません。さらに、他の法律により消費者保護が図られている取引についても適用されません。

■ 通信販売のしくみ ………………………………………

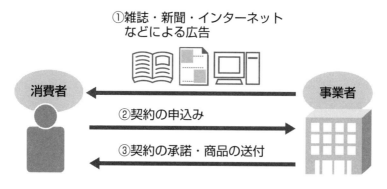

①雑誌・新聞・インターネットなどによる広告

消費者 ← 事業者

②契約の申込み →

③契約の承諾・商品の送付 ←

 **Question 20**
クーリング・オフに対する事
業者の対応について教えて
ください。

 **Answer** あらかじめクーリング・オフの対象外であ
ることや返品の可否・返品の条件などを明
示しておきましょう。

クーリング・オフは特定商取引法や割賦販売法という法律で定めら
れた、消費者が契約の解除を行うことができる制度です。

契約成立から数日経って行われることが通常のため、事業者として
は販売した商品を再び引き取らなければならず、正直なところクーリ
ング・オフされたくないというのが本音でしょう。

しかし、消費者に対して「うちの会社ではクーリング・オフは認め
られていない」といったことを伝える行為や、クーリング・オフを行
使しないことを約束させる行為は、クーリング・オフを妨害する行為
にあたります。このような行為をしても、結局、クーリング・オフが
可能になるので、事業者にとってよいことはありません。

ただし、インターネット上のサイトを通じた商品の販売などの「通
信販売」には、クーリング・オフの制度自体がありません。したがっ
て、クーリング・オフの対象外であることや、返品の可否や条件など
を消費者が明確にわかるように表示することで、返品に関するトラブ
ルを減らすことができます。なお、事業者が返品に関する表示をして
いない場合は、商品到着日から起算して8日以内は自由な返品を認め
なければなりません。これを返品制度といいます（次ページ）。

通信販売の返品制度はどのようになっているのでしょうか。また、返品を受け付けない場合はどのようにしたらよいのでしょうか。

通信販売において消費者からの自由な返品を認めるかどうかは事業者次第です。

　通信販売にはクーリング・オフが認められていません。現在では通信販売に返品制度が導入されています。返品制度は、通信販売で購入した商品の到着日（特定権利の場合は権利移転日）から起算して8日以内であれば、消費者（購入者）の負担で自由に返品することを認める制度です。ただし、通信販売の広告に、あらかじめ「購入者都合による返品はできない」ことが記載されている場合は、返品制度の利用ができません。消費者としては、購入前に、ホームページやカタログなどに返品の可否について記載されているかどうかを確認することが大切です。

　ただ、「返品不可」の表示があっても、事業者の販売した商品などに破損や欠陥などがある場合、消費者は、民法が定める契約不適合責任に基づいて契約を解除した上で、原状回復として返品することが可能です。もっとも、消費者が事業者に対して契約不適合責任を追及するときは、まず期間を定めて履行の追完（たとえば、破損や欠陥などのない商品の引渡し）を請求します。それでも事業者による履行の追完がなければ、消費者は契約の解除ができます。このとき、契約を解除すれば返品が可能になります。

　なお、契約が解除された場合、事業者は代金を受領済みであれば、それを消費者に返還しなければなりません。

通信販売の広告記載事項にはどんなものがあるのでしょうか。

必要的記載事項を記載するのが原則ですが、その記載を省略できる場合もあります。

　個人事業者の場合は、氏名（または登記された商号）、住所、電話番号を記載します。法人の場合は、名称、住所、電話番号、代表者の氏名（または通信販売業務の責任者の氏名）を記載します。

　「氏名（名称)」は、戸籍または商業登記簿に記載された氏名または商号を記載します。通称名、屋号、サイト名の記載は認められません。

　「住所」「電話番号」は、事業所の住所と電話番号を記載します。住所は実際に活動している事業所の住所を省略せず正確に記載し、電話番号は確実に連絡がとれる番号を記載します。

　「通信販売業務の責任者の氏名」は、通信販売を手がける法人事業部門の責任者（担当役員や担当部長）の氏名を記載します。なお、「代表者の氏名」を記載するのであれば、通信販売業務の責任者の氏名の記載は不要です。

　インターネット上のホームページの場合には、画面のスクロールや切り替えをしなくても、事業者の氏名、住所、電話番号などは、消費者側（購入者）が見たいと思った時にすぐ探せるように、画面上の広告の冒頭部分に表示するか、「特定商取引法に基づく表記」というタブからリンクを貼るなどの方法を講じるべきです。

●契約不適合責任についての定め

　契約不適合責任とは、商品の種類・品質などが契約の内容に適合し

ない場合（契約不適合）に販売業者が負う責任のことです。契約不適合責任に関する特約がある場合には、その内容を記載する必要があります。事業者の契約不適合責任をすべて免除する特約は、とくに購入者が消費者である場合に消費者契約法の適用によって無効となります（45ページ）。なお、特約の記載がない場合は、民法などの原則に基づいて処理されます。

●必要的記載事項を省略できる場合もある

　広告スペースなどの関係で、必要的記載事項をすべて表示することが難しい場合には、以下の要件を満たせば、表示を一部省略できます。

　まず、広告上に「消費者からの請求があった場合は必要的記載事項を記載した文書または電子メールを送付する」と記載することが必要です。あわせて実際に消費者から請求があった場合に、必要的記載事項を記載した文書や電子メールを遅滞なく送付できる措置を講じていなければなりません。「遅滞なく送付」とは、消費者が購入を検討するのに十分な時間を確保できるようになるべく早く送付するという意味です。商品の購入に関して申込期限がある場合にとくに重要です。

■　必要的記載事項の省略 ………………………………………………

原則として必要的記載事項の広告が必要

▼

請求があった場合に文書などで提供する措置をとっていれば
一部事項の記載省略が可能

▼

ただし、その場合でも、返品制度に関する事項、申込みの有効期限があるときはその期限、ソフトウェアの動作環境、2回以上継続して契約を締結する場合の販売条件、販売数量の制限などの条件、省略した広告事項に関し書面請求があった場合の費用負担、電子メール広告をする場合の電子メールアドレス、については省略することは認められない。

ネットショップを運営する際の広告について、どんな点に気をつけたらよいのでしょうか。禁止事項についても教えてください。

取引の申込画面であると容易にわかるように設計します。

　特定商取引法は、通信販売などについて誇大広告等を禁止しています。違反した事業者は、業務停止命令・業務禁止命令などの行政処分や罰則の対象になります。誇大広告等にあたる行為は、以下の4つの事項について、広告に「著しく事実と異なる表示」をすることや、「実際のものよりも著しく優良もしくは有利であると誤認させる表示」をすることです。「4つの事項」とは、①商品・役務・特定権利の種類・品質・性能・内容などに関する事項、②商品の原産地・製造地・製造者・商標に関する事項、③国・地方公共団体・著名人などの関与に関する事項（たとえば、商品の信用を高めるために「経済産業省推薦」とウソをつく場合）、④特定商取引法11条が定める広告に関する必要的記載事項（65ページ）のことを指します。

●顧客の意に反して契約の申込みをさせることはできない

　インターネット通販（ネットショッピング）では、スマートフォンなどの操作中に気がつくと商品購入の申込みが完了していることがあります。このトラブルは、表示中の画面が「商品購入の申込画面」であると相手（消費者）が認識できないために起こることが多いようです。そこで、特定商取引法では、インターネット通販に関して、おもに次の行為を「顧客（消費者）の意に反して申込みを行わせようとする行為」として禁止しています。1つ目は、有料の取引の申込画面で

あることを、顧客が容易（簡単）に認識できるように表示していない
ことです。2つ目は、顧客が申込みの内容を容易に確認し、かつ訂正
できるような措置を講じていないことです。

　適切な申込画面を作成するポイントは2つあります。まず、申込画
面であると一目でわかるように設計することです。たとえば、申込み
の最終段階で「ご注文内容の確認」などのタイトルの画面（最終確認
画面）を表示します。この最終確認画面に「この内容で注文を確定す
る」などと記載したボタンを設置し、顧客がそのボタンをクリックす
ると申込みが完了するしくみにします。次に、申込内容（注文内容）
を簡単に確認・訂正できるように設計することです。最終確認画面に
「変更」または「取消」のボタンを用意し、ボタンをクリックすれば
顧客が申込内容を簡単に変更または取消ができるようにします。

　なお、令和4年6月施行の特定商取引法改正で、インターネットを
利用した方法などにより、消費者から通信販売に関する契約の申込み
（特定申込み）を受ける事業者は、最終確認画面に所定の事項を表示
することが罰則付きで義務付けられました（39ページ）。

■ 最終確認画面 ………………………………………………………………

ご注文内容の確認

ご注文内容の最終確認となります。
下記のご注文内容が正しいことをご確認の上、「この内容で注文を
確定する」をクリックしてください。

商品名・価格・個数	○○○○　2500円（税込）　　1つ
お届け先の住所・氏名	〒000-0000 東京都○○区××1-2-3　　○○○○
お支払い方法	代引き（手数料○○○円）
送料・送付時期	送料無料　○月○日午前中到着予定

内容を変更する　　　**この内容で注文を確定する**

TOPに戻る（注文は確定されず、注文が取り消されます）

ネットショップの売上をあげるため広告メールを送りたいのですが、どんな点に注意すればよいのでしょうか。

請求・承諾を得ないと電子メール広告やファクシミリ広告を送信してはいけません。

通販業者から広告目的の電子メール（電子メール広告）が送られてきますが、消費者にとっては、頼んでもいない広告メールが送られるのは迷惑です。特定商取引法では、通販業者が電子メール広告を送信するときは、あらかじめ消費者が請求しているか、または消費者から承諾を得ることを義務付け、事前の請求・承諾がない電子メール広告の送信を原則として禁止しています（オプトイン規制）。

ただし、次のいずれかの場合は、事前の請求・承諾がなくても電子メール広告の送信が可能です。まず、契約内容の確認や契約の履行などの重要な事項に関する通知に付随して電子メール広告を行う場合です。次に、フリーメールサービスなどの無料サービスに付随して電子メール広告を行う場合です。

結局、通販業者は、法令で定められた例外に該当する場合を除いて、消費者の事前の請求・承諾がないのに電子メール広告を行うことができません。なお、平成29年施行の特定商取引法改正で、ファクシミリ広告（FAX広告）も、原則として消費者の事前の請求・承諾がないのに行うことができなくなっている点に注意が必要です。

●請求・承諾を得る方法と記録の保存

電子メール広告に関する請求・承諾は、消費者の自主的な判断によってなされる必要があります。電子メール広告の請求・承諾につい

て消費者が正しい判断を行うため、事業者としては、ある操作を行えば電子メール広告を請求・承諾したことになると、すぐにわかるような画面を作成することが重要です。

たとえば、商品購入に関するホームページで、消費者から電子メール広告の送信について承諾を得る場合、消費者が購入者情報を入力する画面に電子メール広告の送信を希望するとのチェックがあらかじめ入っているデフォルト・オン方式があります。反対に、電子メール広告の送信を希望するとのチェックがあらかじめ入っておらず、希望する場合に購入者がチェックをいれるデフォルト・オフ方式もあります。

このうちデフォルト・オン方式の場合は、デフォルト・オンの表示について、画面全体の表示色とは違う表示色で表示するなど、消費者が認識しやすいように明示し、最終的な購入申込みのボタンに近い箇所に表示するのが望ましいとされています。

また、次の２つの方法は、消費者が電子メール広告の送信を承諾するとの表示（承諾表示）を見落とす可能性があるので不適切です。つまり、①膨大な画面をスクロールしないと承諾表示に到達できない場合、②画面の見つけにくい場所に、読みにくい文字で承諾表示がされている場合の２つです。

その上で、通販業者は、電子メール広告について消費者の請求・承諾を得たことを証明する記録を保存しなければなりません。たとえば、ホームページの画面上で請求・承諾を得た場合は、請求・承諾を証明する文書や電子データなどを保存しておく必要があります。

●メールアドレスを記載する

電子メールの広告配信を停止する方法がわからないと、消費者は不要な電子メールを受信し続けざるを得なくなります。そうした不都合をなくすためには、メール配信の停止方法を消費者が知っておく必要があります。そこで、電子メール広告には、消費者が配信停止を希望する場合の連絡先を記載しなければならないとされています。

具体的には、連絡先となる電子メールアドレスやホームページアドレス（URL）を表示します。電子メールアドレスとURLは、簡単に探せる場所にわかりやすく記載します。たとえば、電子メール広告の本文の最前部か末尾などの目立つ場所に表示すれば、消費者は簡単に見つけることができます。

　反対に、膨大な画面をスクロールしないと電子メールアドレスやURLに到達できない表示は不適切です。文中に紛れ込んでいて、他の文章と見分けがつかない表示も不適切です。消費者が電子メール広告の配信停止を希望する意思を表明したときは、事業者はその消費者に電子メール広告を送信できません。受信拒否の消費者に電子メール広告を送信した事業者には罰則が適用されることがあります。

■ デフォルト・オフとデフォルト・オン ……………………………

●デフォルト・オフの例

> 資料を請求いただいた方に最新情報について掲載したメールを
> 配信させていただいております。
> → □ 配信を希望する
>
> 送信

└デフォルト・オフの場合、配信を希望する人がチェックを入れる

●デフォルト・オンの例

> 資料を請求いただいた方に最新情報について掲載したメールを
> 配信させていただいております。
> → ☑ 配信を希望する（希望しない方はチェックを外して下さい）
>
> 送信

└デフォルト・オンの場合、配信を希望しない人がチェックを外す

●特定電子メール法でも規制されている

電子メール広告は、特定商取引法の他に、特定電子メール法によっても規制されています。電子メールによる広告の規制は、特定商取引法は通販業者（通信販売を行う事業者）が規制対象であるのに対し、特定電子メール法は営利を目的とした広告宣伝メール全般の送信者が規制対象です。したがって、ネットショップが自ら電子メール広告を消費者に送信する場合は、特定商取引法と特定電子メール法の両方が適用されます。

特定電子メール法による規制のポイントは次の４つです。

① 原則として事前に送信を同意した受信者に対してのみ広告宣伝メールの送信を認めている（オプトイン規制）

② 受信者からの同意を証明する記録の保存を義務付けている

③ 広告宣伝メールの受信拒否の通知を受けた場合は、以後のメール送信を禁止している

④ 広告宣伝メールには、送信者の氏名・名称、受信拒否の連絡先を表示しなければならない

■ オプトイン規制とオプトアウト規制 ……………………………

オプトイン規制	オプトアウト規制
意思を表示していない者に対しては送信<u>不可</u> 事前に請求・承諾した者に対しては送信<u>可</u>という規制	意思を表示していない者に対しては送信<u>可</u> 「送信しないでほしい」という意思を表示した者に対しては送信<u>不可</u>という規制

※特定商取引法はオプトイン規制を採用（例外あり）

 広告メールの配信停止方法
の表示について、事業者とし
てどんな点に注意すればよ
いのでしょうか。

 連絡先となる電子メールアドレスとURLを
消費者が簡単に発見できる場所にわかりや
すく記載すべきです。

広告メールの配信を停止する方法がわからないと、消費者は、不要
な広告メールを受け取り続けざるを得なくなります。そうした不都合
をなくすためには、広告メールの配信を停止する方法を消費者が知っ
ておく必要があります。

そこで、電子メール広告には、消費者が広告の配信停止を希望する
場合の連絡先を記載する決まりになっています。具体的には、連絡先
となる電子メールアドレスやホームページアドレス（URL）を表示
します。電子メールアドレスとURLは、消費者が簡単に見つけるこ
とができる場所にわかりやすく記載しなければなりません。たとえば、
電子メール広告の本文の最前部か末尾などの目立つ場所に、下線をつ
けて表示すれば、簡単に見つけることができます。

これに対し、膨大な画面をスクロールしないと電子メールアドレス
やURLに到達できない場合は、不適切な記載になります。文中に紛
れ込んでいて他の文章と見分けがつかない場合も、適切な記載とはい
えません。消費者が電子メール広告の配信停止を希望する意思を表明
したときは、事業者は、以後その消費者には広告メールを送信しては
なりません。受信を拒否している消費者に広告メールを送信した事業
者には、罰則が適用されます。

通信販売で代金が支払われないのが心配なので、前払いにしたいのですが、どんな点に注意したらよいでしょうか。

 消費者から代金・対価の全部または一部を受け取った場合に承諾についての通知をする必要があります。

前払式通信販売とは、消費者が商品を受け取る前に代金を先に支払う販売方法です。代金の一部を先に支払う場合の他、全額を先に支払う場合もあります。消費者にとっては、商品が届くまで不安がつきまとう反面、事業者にとっては、商品の代金を支払ってもらえないリスクが軽減されるため、利便性の高い販売方法といえます。

ただし、前払式通信販売という形態を悪用して、消費者からお金を受け取っておきながら「商品を送らない」「役務を提供しない」などのトラブルが発生しがちであるため、特定商取引法では、前払式通信販売に関する規定を設けて、事業者に通知義務などを課して消費者保護を図っています。

●事業者には通知義務がある

事業者の行う前払式通信販売が、商品・特定権利・役務について、申込みをした消費者から、その商品の引渡し・権利の移転・役務の提供をする前に、代金・対価の一部または全部を受け取る形態の通信販売を行う場合、事業者は消費者に対して通知をしなければなりません。具体的には、消費者から実際に申込みを受け、その代金・対価の一部または全部を受け取った場合に、承諾についての通知をすることになります。

たとえば、消費者の郵便や電子メールなどによる申込みに対して、代金・対価の支払い前に事業者が商品の送付や役務の提供を行うと、それが承諾の意味を持ちます。この場合、事業者による申込みに対する承諾と契約の履行が同時に行われ、かつ、消費者による代金・対価の支払い前に商品が消費者の手元に到着していたり、役務が提供されたりするので、事業者による承諾の通知は不要です。

　しかし、前払式通信販売では、申込みに対して事業者が承諾したのか否かが不明なまま、消費者が代金・対価を支払っている状態になりかねません。これでは商品の引渡しなどが行われない可能性があり、消費者が不安定な立場に置かれるので、事業者に対して、前払式通信販売を行う場合に承諾の通知義務を課しています。

●通知の内容・方法

　事業者が通知すべき内容は、①申込みを承諾するかどうか、②事業者の氏名（名称）、住所、電話番号、③受領した金額の合計、④代金などの受領日、⑤申込みを受けた内容（商品名や数量、権利や役務の種類）、⑥申込みを承諾するのであれば、商品の引渡時期、権利の移転時期、役務の提供時期です。また、遅滞なく通知することが義務付けられているので、書面では3〜4日程度、電子メールでは1〜2日以内に通知をする必要があるといえます。

■ 前払式通信販売のしくみ・トラブル ……………………………

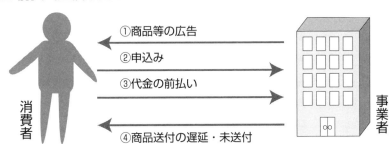

①商品等の広告
②申込み
③代金の前払い
④商品送付の遅延・未送付

消費者　事業者

相手先が信頼できる業者なのかということが重要なポイントになります。

　海外との取引は法律、文化、慣習の違いなどがあるため、次のような事前確認をして慎重に取引を行う必要があります。

① **手続きや決済方法などの事前確認**

　海外取引の場合、送料や税金などの費用が予想外に高額になることがあります。また、注文した商品が日本では所持が禁じられていることもあり、十分な確認が必要です。そして、商品到着前に代金を支払う方法（現金、海外送金サービス、マネーオーダーなど）は避け、商品不着といった万一の場合に補償が受けられるクレジットカード決済を利用するなど、損害を最小限に食い止める方法を選択しましょう。

② **情報サイトで信頼性が高いかどうかを調べてみる**

　詐欺の事例を紹介するサイトや、掲示板などで取引しようとしている会社が掲載されていないかを調べましょう。

③ **相手国の生活時間や商習慣などを調べる**

　何らかの問合せや要求をするにしても、相手国の生活時間や商習慣などを知らないと、まったく通じないことになりかねません。最低限の商習慣などを知っておくことで、いざという場合のトラブル回避に役立ちます。

●**海外のネットショップとの取引**

　よくあるトラブルの例として、「代金を支払ったのに商品が届かな

い」「注文した商品と届いた商品の内容が違うので交換を求めたが返答がない」などがあります。これらの問題が生じたときに、まずぶつかるのが「言葉の壁」です。なぜ商品が届かないのか、なぜ商品の交換が必要なのかなどを正確に伝えるには、相当の語学力が必要です。

　また、場所も一種の壁となります。たとえば、入金した直後にサイトが閉鎖されて連絡が取れなくなることがありますが、相手の事務所や店舗に直接確認に行くことは現実的に困難です。相手国の捜査機関に調査依頼をするにしても、国家間で捜査上の協力関係が必要で、解決は困難といえます。訴訟を提起するとしても、相手国の言葉や習慣、法律、裁判事情などに詳しい弁護士を見つけるのが困難なことが多く、書類ひとつ作成するだけでも翻訳が必要です。しかも、これだけの負担があっても損害を取り戻せる保証はありません。海外の業者と取引をする場合は、このようなさまざまなリスクがあることを承知した上で、取引に入る必要があるでしょう。

■ 海外業者と取引をする際の注意点 ……………………………

取引前に知っておきたいこと
・送料や税金などの費用が予想外に高額になる場合がある
・日本では所持が禁じられている場合がある
・交換などを求めるときは相当な語学力が必要な場合がある

想定されるおもなトラブル
・代金を支払ったのに商品が届かない
・注文した商品と届いた商品の内容が違うので交換を求めたが返答がない

トラブル防止への対策
・過去にトラブルがないか、ネット上で検索してみる
・相手国の最低限の生活時間や商習慣などを知っておく
・商品が届く前に代金を支払う方法（現金、海外送金サービス、
　マネーオーダーなど）は避ける
・万一の場合に補償が受けられるクレジットカード決済を利用する

ネット上の医薬品や化粧品の販売規制について教えてください。

許認可やネット販売禁止の医薬品などのルールを守って販売しなければなりません。

　私たちが生活の中で接する機会がある医薬品には、医師等（医師または歯科医師）の処方箋がある場合に入手できる医療用医薬品と、それ以外の医薬品である一般用医薬品（OTC医薬品）があります。さらに、一般用医薬品については、効能や副作用の程度に応じて、第1類医薬品・第2類医薬品・第3類医薬品に区分されています。

　もともと医薬品は、すべて対面販売によって購入しなければなりませんでしたが、現在は一般用医薬品であれば、第1類・第2類・第3類を問わず、ネット販売を行うことができます。ただし、第1類医薬品は薬剤師のみが販売可能で、ネット販売する場合は、薬剤師などの専門家の情報提供に基づいて消費者が購入する制度を整えなければなりません。第1類医薬品では、この情報提供は義務付けられていますが、第2類・第3類医薬品では、消費者から購入時に相談があった場合に情報提供するとされています。

●ネット販売ができない場合

　一般用医薬品でも例外的にネット販売が許されていないのは、スイッチ直後品目と毒薬・劇薬に指定されている医薬品です。これを要指導医薬品といいます。要指導医薬品は、例外的に一般用医薬品であっても対面販売によって購入しなければなりません。したがって、一般用医薬品のネット販売が原則可能になった現在においても、要指

導医薬品のように例外があるということができます。

これに対し、医療用医薬品については、ネット販売はできず、薬局での対面販売によってのみ購入できる医薬品であることに注意が必要です。

●化粧品販売の場合

化粧品は、医薬品や医療機器などと同様に、医薬品医療機器等法（医薬品、医療機器等の品質、有効性及び安全性の確保等に関する法律）の規制対象です。したがって、海外から化粧品を輸入してネットショップで国内向けに販売する場合は、原則として都道府県知事に申請書を提出し、①保管についての化粧品製造業許可（包装・表示・保管）、②市場への出荷についての化粧品製造販売業許可を取得することが必要です。また、許可取得後に品目ごとに化粧品輸入届や化粧品製造販売届出書の提出も必要です。

これに対し、国内の化粧品製造業者や輸入業者から化粧品を仕入れてネットショップで国内向けに販売する場合であれば、医薬品医療機器等法に基づく許可は不要です。

■ 医薬品販売業の種類 ……………………………………………………

種 類	内 容	必要な許可
店舗販売業	一般用医薬品を店舗で販売・授与する業務	店舗の所在地の都道府県知事許可
配置販売業	基準を満たす一般用医薬品を家庭などに配置することにより販売・授与する業務	配置する地域の都道府県知事許可
卸売販売業	医薬品を、薬局開設者や医薬品の製造販売業者などに対し、販売・授与する業務	営業所の所在地の都道府県知事許可

※申請書類の提出先は保健所など。
　店舗販売業について、その店舗の所在地が保健所を設置する市または特別区（東京23区）の区域の場合、許可権者は市長または区長。
　医薬品販売業を取得した者の他に、薬局開設者も業務として医薬品を販売することができる。

使ってもいない商品のレビューを掲載したり、医薬品医療機器等法違反の記載をする行為は法律上どんな問題があるのでしょうか。

医薬品・化粧品などの誇大広告等については課徴金を徴収されるおそれがあります。

　アフィリエイト広告とは、おもにWebサイト、ブログ、SNSに企業（広告主）の広告へのリンクを貼り、閲覧者がリンクをクリックして企業のWebサイトにアクセスし、会員登録をしたり商品やサービスを購入したりした場合に、リンクを貼った人（アフィリエイター）に報酬が支払われる成果報酬型の広告です。広告主としては、商品やサービスなどの売上げに応じて費用がかかるので投資利益率がよく、しかも大手のWebサイトなどから個人の運営するWebサイトなどまで幅広く広告を出稿できるので、効率のよい広告手法といえます。

　しかし、アフィリエイターによる悪質行為が問題となっています。たとえば、使ってもいない商品のレビュー記事を掲載したり、「この化粧品でシミが100％消える」などの医薬品医療機器等法に違反する記載をしたりするケースがあります。とくに医薬品医療機器等法が規定する化粧品、医療品、医療機器などに関する誇大広告等の禁止に違反する行為をすると、課徴金が徴収される可能性があります。この課徴金制度は対象者の限定がなく、広告主に限らず、アフィリエイターも対象です。その他、健康増進法が規定する食品の健康増進効果に関する誇大表示の禁止に違反する行為をすると、勧告・命令を受け、命令にも従わないと罰則の対象になります。

30 景品表示法とはどんな法律なのでしょうか。

消費者のために過大景品と不当表示を規制しています。

　景品表示法（不当景品類及び不当表示防止法）は、販売促進のための景品類の行き過ぎ（過大な景品類の提供）と、一般消費者に誤認される不当な表示を規制するために、1962年に制定された法律です。

　その後も、複数の事業者が食品表示等に関する大規模な偽装を行うなどの事例が相次いだこともあり、景品表示法は、とくに行政の監視指導体制の強化や、過大な景品類の提供や不当な表示を防止するために事業者が取り組むべき管理体制の徹底をめざして、法改正を通じて見直しが随時行われています。

●どんな行為を規制しているのか

　景品表示法は、その目的を、「取引に関連する不当な景品類及び表示による顧客の誘引を防止」するため、「一般消費者による自主的かつ合理的な選択を阻害するおそれのある行為の制限および禁止」をすることにより、「一般消費者の利益を保護すること」としています。

　つまり、一般消費者の自主的・合理的な商品・サービスの選択を邪魔するような「過大な景品類の提供」と「不当な表示」を行う企業活動を制限・禁止する法律です。

　まず、「過大な景品類の提供」については、必要があれば、景品類の価額の最高額・総額、種類・提供の方法など、景品類の提供に関する事項を制限し、または景品類の提供を禁止することができます。

次に、「不当な表示」については、商品・サービスの品質などの内容について、一般消費者に対し、実際のものよりも著しく優良であると表示すること、または事実に反して競争事業者のものよりも著しく優良であると表示することを「優良誤認表示」として禁止しています。

また、価格などの取引条件に関して、実際のものよりも著しく有利であると一般消費者に誤認される表示、または競争事業者のものよりも著しく有利であると一般消費者に誤認される表示については「有利誤認表示」として禁止しています。

●**運用状況はどうなっているのか**

景表法の目的は、一般消費者の利益を保護することにあります。そのため、以前は景品表示法の管轄が公正取引委員会でしたが、消費者の視点から政策全般を監視する「消費者庁」が平成21年9月に発足したことに伴い、消費者庁（表示対策課）に景品表示法の管轄が移されました。また、県域レベルの事案に対応するような場合には、各都道府県が窓口となる場合もあります。消費者庁は、景品表示法違反の疑いのある事件について、調査を行い、違反する事実があれば、「措置命令」を行っています。措置命令は、過大な景品類の提供や不当な表示を行った事業者に対して、その行為を差し止めるなど必要な措置を命ずることができるというもので、消費者庁のホームページなどで事業者の名前、違反の内容などが公表されることになります。

■ **景品表示法のイメージ** ……………………………………………

独占禁止法

┌─────────────┐
│ 過大な景品類の提供と │
│ 不当な表示を規制する │
└─────────────┘

独占禁止法の規制だけでは不十分

↓

景品表示法で補完

↓

「過大な景品類の提供」と「不当な表示」を制限・禁止して消費者の利益を守るのが景品表示法！

ネットショップで購入者全員にプレゼントを提供しようと考えているのですが、法律上問題になりますか。

懸賞によって提供できる景品類以外に、懸賞によらない景品類の提供も景表法で規制されています。

　景表法における景品規制は、まず、すべての業種に対して適用されるものとして、①懸賞制限、②総付景品制限、という2つの景品規制が規定されています。さらに、特定の業種に対しては、個別の告示によって景品規制が規定されています。

●懸賞制限について

　懸賞によって提供できる景品類の最高額と総額を制限しています。

① 懸賞の定義

　「懸賞」とは、くじなど偶然性を利用して、または特定の行為の優劣・正誤によって、景品類の提供の相手もしくは提供する景品類の額を定めることです。たとえば、抽選券やジャンケン、パズルやクイズの回答の正誤、競技や遊戯の結果の優劣によって、景品類の提供を定める場合が該当します。

② 景品類の価額制限

　「一般懸賞」（俗に「クローズド懸賞」ともいいます）の場合、懸賞によって提供できる景品類の価額の最高額は、10万円を限度として、「取引価額」の20倍の金額を超えてはならないとされています。たとえば、取引価額が800円の場合は、16000円までの景品がつけられます。

　これに対し、商店街や業界などが共同で行う「共同懸賞」の場合は、

「取引価額」にかかわらず、最高額は30万円を限度としています。さらに、懸賞類の総額に関する規制もあり、一般懸賞の場合は「懸賞にかかる売上げ予定総額」の2％まで、共同懸賞の場合は「懸賞にかかる売上げ予定総額」の3％までとされています。

また、「取引価額」とは次のとおりです。

・購入者を対象として、購入額に応じて景品類を提供する場合は、その購入額

・購入額を問わない場合は、原則100円。ただし、最低価格（対象商品・サービスの取引のうち最低のもの）が明らかに100円を下回るとき、または最低価格が明らかに100円を上回るときは、その価格

・購入を条件としない場合は、原則100円。ただし、最低価格が明らかに100円を上回るときは、その価格

●総付景品制限について

懸賞によらない景品類の提供についても、規制されています。

① 総付景品の定義

「総付景品」とは、懸賞の方法によらないで提供される景品類をいいます。次の場合が該当することになります。

■ 景品規制 ……………………………………………………………………

全業種

| 新聞業 | 不動産業 |
| 雑誌業 | 医療関係 |

これらの特定業種には別途
それぞれに適用される規制がある
（特定業種における景品制限）

■懸賞制限
（懸賞により提供できる景品類の
最高額と総額を制限）

■総付景品制限
（懸賞によらない景品類の提供に
ついて景品類の最高額を規制）

・商品・サービスの購入者全員に提供する場合

・小売店が来店者全員に提供する場合

・申込みまたは入店の先着順に提供する場合

② 最高限度額

　「取引価額」が1000円未満の場合は、景品類の最高額は、一律200円、1000円以上の場合は、取引価額の10分の2までです。

③ 適用除外

　次の場合で、正常な商習慣に照らして適当と認められるものは、総付景品の提供としての規制対象とはしないとされています。

■ 一般懸賞における景品類の限度額 ……………………………………

懸賞による取引価額	景品類限度額	
	最高額	総　額
5,000円未満	取引価額の20倍	懸賞に係る 売上予定総額の2％
5,000円以上	10万円	

■ 共同懸賞における景品類の限度額 ……………………………………

景品類限度額	
最高額	総　額
取引価額にかかわらず30万円	懸賞に係る売上予定総額の3％

■ 総付景品の限度額 ……………………………………………………

取引価額	景品類の最高額
1,000円未満	200円
1,000円以上	取引価額の10分の2

・商品の販売・使用またはサービスの提供のために必要な物品

・見本などの宣伝用の物品

・自店および自他共通で使える割引券・金額証

・開店披露・創業記念で提供される物品

●**特定業種における景品制限について**

　懸賞制限・総付景品制限は、すべての業種に適用されるものです。これに加えて、新聞業・雑誌業・不動産業・医療関係（医療用医薬品業・医療機器業・衛生検査所業）の４つの特定の業種については、別途、適用される制限が設けられています。

　これは、これら各業種の実情を考慮して、一般的な景品規制と異なる内容の業種別の景品規制が行われるべきだとして、景表法３条の規定に基づき、告示により指定されているものです。

　とくに、不動産業においては、売買に付随して消費者に景品類を提供する場合、その価額が高額になることが予想されるため、特別な規定を設ける必要があるとされています。また、医療関係においては、医療機関が、メーカーなどから提供される景品類に左右されて医療機器・医薬品などを購入することによって、消費者（患者）に弊害がもたらされることのないように、特別な制限が設けられています。

●**オープン懸賞について**

　オープン懸賞とは、事業者が、企業・商品の知名度・イメージを高めるために、新聞・雑誌・テレビ・ラジオやWebサイトなどの広告で、商品・サービスの購入を条件としないで、一般消費者に懸賞による金品の提供を申し出るものです。

　事業者が、顧客を誘引するために行うものですが、「取引に付随」するものではないことから、景表法における規制を受けることがありません。そのような点に目をつけて、一般的にオープン懸賞と言われています。なお、提供できる金品について具体的な上限額の定めはありません。

32 Question 口コミサイトに自社の商品に有利なコメントを書き込むことは違法なのでしょうか。

Answer 景品表示法で禁止されている不当表示にあたる可能性があります。

　口コミサイトは、商品を購入したり、サービスを利用したりした感想を書き込み、情報交換を行うためのサイトのことで、サイトを閲覧した人は、そこでの評価を参考にして商品を購入したり、サービスを提供しているお店を選んだりすることがあります。口コミサイトに投稿する人については、実際に商品を購入した人や、サービスを利用した人が想定されています。

　しかし、自分の会社の商品やお店の口コミを、実際に購入・利用した消費者を装って有利なコメントを自作自演することや、口コミ投稿を請け負う業者に依頼して、消費者を装って投稿してもらうことが問題視されています。

　企業の商品広告で「お客様の声」というのを掲載していることがありますが、このような場合には見る人も広告の一部だということを承知の上で見るものです。しかし、口コミサイトで利用者を装ってなされた口コミは実際には宣伝と同じなのですが、サイトを見た人は口コミが業者による商品やサービスの宣伝ということに気づかず、「たくさんの人が高評価をつけている商品だ」と商品を実際よりも過大に評価して商品を買ってしまうということがありえます。

　このような口コミサイトへの書き込みについて、消費者庁が公表している「インターネット消費者取引に係る広告表示に関する景品表

法上の問題点及び留意事項」によると、「商品・サービスを提供する事業者が、顧客を誘引する手段として、口コミサイトに口コミ情報を自ら掲載し、又は第三者に依頼して掲載させ、当該『口コミ』情報が、当該事業者の商品・サービスの内容又は取引条件について、実際のもの又は競争事業者に係るものよりも著しく優良または有利であると一般消費者に誤認されるものである場合には、景品表示法上の不当表示として問題となる」としています。

つまり、①事業者が自社の商品やサービスについて書き込んだ（書き込ませた）だけでは違法とはなりませんが、②実際の商品・サービスよりも著しく優れていると表示したり、他社の商品・サービスよりも著しく有利であると表示したりするような場合は、不当表示の問題になるということです。

たとえば、化粧品の口コミで、根拠がないのにシワに効くと書き込むことや、5つ星の評価を大量に投稿して口コミサイトの順位を変動させるようなことが、不当表示にあたるといえます。

このような不当表示にあたる書き込みをした場合は、書き込みの差止めなどの措置命令がなされます。措置命令に違反した場合は、2年以下の懲役または300万円以下の罰金が科されます。

■ 口コミサイトと景品表示法の規制 ……………………………………

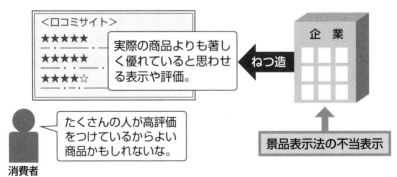

不当表示の規制にはどんなものがあるのでしょうか。

優良誤認表示・有利誤認表示・その他の不当表示があります。

　商品・サービスの品質や価格に関する情報は、消費者が商品・サービスを選ぶ際の重要な判断材料であり、消費者に正しく伝わる必要があります。

　たとえば、商品に関するさまざまな情報は、パッケージ・パンフレット・チラシ・説明書などの表示や、新聞・雑誌・テレビ・ラジオ・インターネットを通じた広告による表示によって、消費者にもたらされます。そして、それらに表示された品質・内容の他、価格・支払条件・数量などの取引条件から、消費者は購入したい商品を選択していきます。

　しかし、ここで行われる「表示」が、実際の内容より著しく優れたものであると示されている場合や、事実と違って他社の商品・サービスより優れていると示されている場合、消費者は商品・サービスの適正な選択を妨げられるという不利益を被ることになります。

　景品表示法の不当表示の規制は、不当な顧客の誘引を防ぎ、消費者が適正に商品・サービスの選択ができるようにするのを目的としています。そのため、「不当表示」にあたるか否かの判断は、当該表示が消費者にどのような印象・認識をもたらすかによることになります。

　通常、消費者は、何らかの表示がされていれば、実際の商品・サービスも表示のとおりと考えます。表示と実際のものが違う場合、消費

者は、実際の商品・サービスが表示通りのものであると誤認すること
になるでしょう。したがって、景品表示法の不当表示とは、このよう
に商品・サービスの内容や取引条件について、消費者に誤認を与える
表示のことをいいます。具体的には、事業者が供給する商品・サービ
スについて、消費者に対して、不当に顧客を誘引し、消費者の自主
的・合理的な選択を阻害するおそれがあると認められる表示であり、
このような不当表示を行うことを景品表示法では禁止しています。

　不当表示の規制は、下図の3つに区分されます。これらを、不当に
顧客を誘引し、消費者による自主的・合理的な選択を阻害するおそれ
があると認められる不当表示として禁止しています。

●**要件**について

　優良誤認表示、有利誤認表示、指定表示（内閣総理大臣が指定する
表示）の3つの不当表示規制に該当するための共通する要件は、次の
とおりです。

① 　**表示**

　景品表示法における「表示」とは、顧客を誘引するための手段とし
て、事業者が自己の供給する商品または役務（サービス）の内容また
は取引条件その他これらの取引に関する事項について行う広告その他
の表示であって、内閣総理大臣が指定するものです。景品表示法にお
ける「表示」として指定されているものは、下記の5つです。

・商品、容器または包装による広告その他の表示およびこれらに添付
　した物による広告
・見本、チラシ、パンフレット、説明書面その他これらに類似する物
　による広告（口頭や電話を含む）
・ポスター、看板（プラカードおよび建物または電車、自動車などに
　記載されたものを含む）、ネオン・サイン、アドバルーン、その他
　これらに類似する物による広告および陳列物または実演による広告
・新聞紙、雑誌その他の出版物、放送（有線電気通信設備または拡声

機による放送を含む）、映写、演劇または電光による広告

・情報処理の用に供する機器による広告その他の表示（インターネット、パソコン通信などによるものを含む）

② **顧客を誘引するための手段として行われるもの**

事業者の主観的な意図や企画の名目がどうであるかは問題にならず、客観的に顧客取引のための手段になっているかどうかによって判断されます。また、新規の顧客の誘引にとどまらず、既存の顧客の継続・取引拡大を誘引することも含まれます。

③ **事業者**

営利企業だけではなく、経済活動を行っている者すべてが事業者に該当します。そこで、営利を目的としない協同組合・共済組合や、公的機関・学校法人・宗教法人などであっても、経済活動を行っている限りで事業者に該当します。

④ **自己の供給する商品または役務（サービス）の取引にかかる事項について行うこと**

「自己の」供給する商品・サービスに限られます。そのため、新聞社・放送局や広告会社などが、他社であるメーカーなどの商品・サービスの広告を行う場合は、不当表示規制の対象外となります。

■ 不当表示の類型 ……………………………………………………………

① 優良誤認表示	➡	品質や規格などの内容について著しく優良であると消費者に誤認される表示
② 有利誤認表示	➡	価格や取引条件が著しく有利だと消費者に誤認される表示
③ 指定表示	➡	消費者に誤認されるおそれがあるとして内閣総理大臣が指定する表示 6つの指定表示がある（98ページ参照）

優良誤認表示としてどんなことが禁止されているのでしょうか。

実際のものより著しく優良と示す表示や、事実に相違して競争事業者のものより著しく優良と示す表示が禁止されます。

景品表示法では、商品やサービスの品質、規格などの内容について、実際のものや事実に相違して競争事業者のものより著しく優良であると一般消費者に誤認される表示を優良誤認表示として禁止しています。

この場合の「著しく」とは、誇張・誇大の程度が社会一般に許容される程度を超えていることを指します。誇張・誇大が社会一般に許容される程度を超えているか否かは、当該表示を誤認して顧客が誘引されるか否かで判断され、その誤認がなければ顧客が誘引されることが通常ないであろうと認められる程度に達する誇大表示であれば「著しく優良であると一般消費者に誤認される」表示にあたります。

優良誤認表示は、ⓐ内容について、一般消費者に対し、実際のものよりも著しく優良であると示す表示、ⓑ事実に相違して、同種（類似）の商品・サービスを供給している競争事業者のものよりも著しく優良であると示す表示の2つに分類できます。

具体的には、商品（サービス）の品質を、実際のものより優れていると広告する場合や、競争事業者が販売する商品よりも特別に優れているわけではないのにあたかも優れているかのように広告を行うと、優良誤認表示に該当することになります。

消費者庁の資料によると、優良誤認表示の具体的な例としては、以

下のようなものがあります。

① 内容について、一般消費者に対し、実際のものよりも著しく優良
であると示す表示

・国産の有名ブランド牛肉であるかのように表示して販売していたが、
実はただの国産牛肉で、ブランド牛肉ではなかった。

・天然のダイヤモンドを使用したネックレスのように表示したが、実
は使われているのはすべて人造ダイヤだった。

・「カシミヤ100％」と表示したセーターが、実はカシミヤ混用率が
50％しかなかった。

② 事実に相違して、同種（類似）の商品・サービスを供給している
競争事業者のものよりも著しく優良であると示す表示

・「この機能がついているのはこの携帯電話だけ」と表示していたが、
実は他社の携帯電話にも同じ機能が搭載されていた。

・健康食品に「栄養成分が他社の2倍の量である」と表示していたが、
実は同じ量しか入っていなかった。

■ 優良誤認表示 ··

1 実際のものよりも著しく優良であると示すもの
2 事実に相違して競争関係にある事業者に係るものよりも著しく
優良であると示すもの

 であって

不当に顧客を誘引し、一般消費者による自主的かつ合理的な選択を
阻害するおそれがあると認められる表示

優良誤認表示の禁止

（具体例）
・商品・サービスの品質を、実際よりも優れているかのように宣伝した
・競争事業者が販売する商品・サービスよりもとくに優れているわけでは
ないのに、あたかも優れているかのように宣伝する行為

事業者に表示の裏付けとなる合理的な根拠を示す資料の提出を求める不実証広告規制とはどんな規制なのでしょうか。

合理的な根拠を示す資料を提出できないと優良誤認表示とみなされる規制です。

　不実証広告規制とは、消費者が適正に商品やサービスを選択できる環境を守るための規制です。景品表示法では、内閣総理大臣（内閣総理大臣から委任を受けた消費者庁長官）は、商品の内容（効果・効能など）について、優良誤認表示に該当するか否かを判断する必要がある場合には、期間を定めて、事業者に対して、表示の裏付けとなる合理的な根拠を示す資料の提出を求めることができます。提出期限は、原則として、資料提出を求める文書が送達された日から15日後（正当な事由があると認められる場合を除く）とされ、厳しいものとなっています。この期限内に事業者が求められた資料を提出できない場合には、当該表示は優良誤認表示とみなされます。

　合理的な根拠があると判断されるには、以下の要素が必要です。

① **提出資料が客観的に実証された内容のものであること**

　客観的に実証された内容のものとは、次の@または⑥のいずれかに該当するものをいいます。

@ **試験・調査によって得られた結果**

　試験・調査は、関連する学術界または産業界で一般的に認められた方法または関連分野の専門家多数が認める方法により実施する必要があります。学術界または産業界で一般的に認められた方法または関連分野の専門家多数が認める方法が存在しない場合は、社会通念上およ

び経験則上妥当と認められる方法で実施する必要があります。上記の方法で実施されている限り、事業者自身や当該事業者の関係機関が行った試験・調査であっても、表示の裏付けとなる根拠として提出が可能です。消費者の体験談やモニターの意見等を根拠として提出する場合には、統計的に客観性が十分に確保されている必要があります。

ⓑ **専門家、専門家団体若しくは専門機関の見解または学術文献**

見解・学術文献の基準とは、専門家等が客観的に評価した見解または学術文献で、当該専門分野で一般的に認められているものが求められます。

② **表示された効果、性能と提出資料によって実証された内容が適切に対応していること**

提出資料がそれ自体として客観的に実証された内容のものであることに加え、表示された効果、性能が提出資料によって実証された内容と適切に対応していなければなりません。

■ 不実証広告規制の対象となる具体的な表示 ⋯⋯⋯⋯⋯⋯⋯⋯

1 ダイエット食品の痩身効果

食事制限をすることなく痩せられるかのように表示していた

2 生活空間におけるウィルス除去等の効果

商品を使用するだけで、商品に含まれる化学物質の効果により、身の回りのウィルスを除去するなど、周辺の空間を除菌等するかのように表示をしていた

3 施術による即効性かつ持続性のある小顔効果

施術を受けることで直ちに小顔になり、かつ、それが持続するかのように表示をしていた

4 高血圧等の緩解または治癒の効果

機器を継続して使用することで頭痛等が緩解するだけでなく治癒するかのように、また、高血圧等の特定の疾病もしくは症状も緩解または治癒するかのように表示をしていた

二重価格表示が景品表示法で禁止されている有利誤認表示に該当する場合はあるのでしょうか。

比較対照価格の内容について適正な表示が行われていないときに有利誤認表示に該当する場合があります。

　景品表示法は、商品・サービスの価格その他の取引条件についての不当表示を有利誤認表示として禁止しており、この有利誤認表示のひとつとして不当な二重価格表示を禁止しています。二重価格表示は、その内容が適正な場合には、一般消費者の適正な商品選択に資する面がありますが、比較対照価格の内容について適正な表示が行われていない場合には、有利誤認表示に該当するおそれがあります。有利誤認表示は、次の２つに分類されます。

① 　**価格やその他の取引条件について、実際のものよりも著しく有利であると消費者に誤認される表示**
・住宅ローンについて、「○月○日までに申し込めば優遇金利」と表示したが、実際は、借入時期によって適用が決まるものであった。
・みやげ物の菓子について、内容の保護としては許容される限度を超えて過大な包装を行っていた。

② 　**価格やその他の取引条件が、競争事業者のものよりも著しく有利であると消費者に誤認される表示**
・他社の売価を調査せずに「地域最安値」と表示したが、実は近隣の店よりも割高な価格だった。
・「無金利ローンで買い物ができるのは当社だけ」と表示したが、実

は他社でも同じサービスを行っていた。

●**不当な二重価格表示における問題点**

「当店通常価格」「セール前価格」といった過去の販売価格を比較対照価格とする二重価格表示を行う場合、同一の商品について最近相当期間にわたって販売されていた価格とはいえない価格を比較対照価格に用いるときは、当該価格がいつの時点でどの程度の期間販売されていた価格であるかなど、その内容を正確に表示しない限り、不当表示に該当するおそれがあります。

ある比較対照価格が「最近相当期間にわたって販売されていた価格」にあたるか否かは、当該価格で販売されていた時期・期間、対象となっている商品の一般的価格変動の状況、当該店舗における販売形態等を考慮し、個々の事案ごとに検討されます。一般的には、二重価格表示を行う最近時において、当該価格で販売されていた期間が、当該商品が販売されていた期間の過半を占めているときは、「最近相当期間にわたって販売されていた価格」とみてよいとされています。

■ **有利誤認表示** ···

> **1** 実際のものよりも取引の相手方に著しく有利であると一般消費者に誤認されるもの
> **2** 競争事業者に係るものよりも取引の相手方に著しく有利であると一般消費者に誤認されるもの

 であって

> 不当に顧客を誘引し、一般消費者による自主的かつ合理的な選択を阻害するおそれがあると認められる表示

有利誤認表示の禁止

（具体例）
・商品・サービスの取引条件について、実際よりも有利であるかのように宣伝した
・競争事業者が販売する商品・サービスよりも、とくに安いわけでもないのに、あたかも著しく安いかのように宣伝する行為

内閣総理大臣が指定する不当表示にはどんなものがあるのでしょうか。

 商品・サービスの取引に関する事項について一般消費者に誤認されると認められるものが指定されています。

　景品表示法には、優良誤認表示・有利誤認表示という2つの不当表示の他に、内閣総理大臣が指定する不当表示（指定表示）を規定しています。複雑化し、高度化した現代の経済社会においては、優良誤認表示・有利誤認表示だけでは、消費者の適正な商品選択を妨げる表示に十分な対応ができないため、指定表示の制度が設けられています。

　現在のところ、次の6つが指定表示とされています。

① 無果汁の清涼飲料水等についての表示

　対象となる商品は2つあります。1つは、原材料に果汁や果肉が使われていない容器・包装入りの清涼飲料水など（清涼飲料水・乳飲料・発酵乳・乳酸菌飲料・粉末飲料・アイスクリーム類・氷菓）です。もう1つは、原材料に僅少な量の果汁や果肉が使われている容器・包装入りの清涼飲料水などです。これらの商品について、無果汁・無果肉であることや果汁・果肉の割合を明瞭に記載しないのに、果実名を用いた商品名の表示などをすることが不当表示となります。

② 商品の原産国に関する不当な表示

　2つの行為類型が規定されています。1つは、国産品について外国産品と誤認されるおそれのある表示、もう1つは、外国産品について国産品・他の外国産品と誤認されるおそれのある表示が不当表示であ

ると規定しています。

③　消費者信用の融資費用に関する不当な表示

　消費者に対するローンや金銭の貸付において、実質年率が明瞭に記載されていない場合は不当表示にあたるとしています。

④　おとり広告に関する表示

　広告・チラシなどで商品・サービスがあたかも購入できるかのように表示しているが、実際には記載通りに購入できないものであるにもかかわらず、消費者がこれを購入できると誤認するおそれがあるものが不当表示となります。

⑤　不動産のおとり広告に関する表示

　具体例としては、次のものが不当表示となります。

・不動産賃貸仲介業者が、Webサイトである賃貸物件を掲載していたが、実際にはその物件はすでに契約済みであった。

⑥　有料老人ホームに関する不当な表示

　具体例としては、次のものが不当表示となります。

・有料老人ホームが、入居希望者に配ったパンフレットには24時間の看護体制をとっていると表示していたが、実際には24時間体制はとっておらず、事実とは異なるものであった。

■ 内閣総理大臣が指定する不当表示 ………………………………

1	無果汁の清涼飲料水等についての表示
2	商品の原産国に関する不当な表示
3	消費者信用の融資費用に関する不当な表示
4	おとり広告に関する表示
5	不動産のおとり広告に関する表示
6	有料老人ホームに関する不当な表示

38 Question 消費者庁が行う措置命令とはどのような権限なのでしょうか。

過大な景品類の提供や不当表示に関する調査をして是正・排除を求める権限です。

　景品表示法に違反する過大な景品類の提供や不当表示が行われている疑いがある場合、消費者庁は、事業者から事情聴取したり、資料を収集したりして調査を実施します。そして、事業者が景品表示法に違反し、商品の品質や値段について実際よりも優れているかのような不当表示や、安価であると消費者が誤解するような不当表示などをしていると判断した場合、消費者庁は、その事業者に対して、違反行為の差止め、一般消費者に与えた誤認の排除、再発防止策の実施、今後違反行為を行わないことなどを命ずる行政処分を行います。これを措置命令といいます。具体的には、次の事項が命じられます。

・差止命令

　過大な景品や不当な広告などの中止

・再発防止策の実施

　今後、同様の行為を行わないこと、同様な表示が行われることを防止するための必要な措置を講じ、役職員に徹底すること

・差止命令や再発防止策実施に関する公示

　違反行為があった事実について、取引先への訂正通知や、一般消費者に向けて新聞広告などを行うこと

・その他必要な事項

　措置命令に基づいて行ったことを消費者庁長官に報告することなど

●消費者庁の措置命令の手続きの流れ

　景品表示法に違反する行為に対する、消費者庁の措置命令の手続の流れは以下のとおりです。

① 調査のきっかけとなる情報の入手

　景品表示法違反の調査は、違反行為として疑われる情報を入手することがきっかけで始まります。違反事件の調査を始めるきっかけとなる情報をつかむことを端緒といいます。景品表示法においては、端緒に法的な限定はありません。一般的には、一般消費者・関連事業者・関連団体からの情報提供や、職権による探知などがあります。

② 調査

　景品表示法違反の行為に関する調査のための権限・手続は、消費者庁と公正取引委員会の双方がそれぞれ、または共同して調査を行っています。

③ 事前手続（弁明の機会の付与）

　不利益処分（特定の人に義務を課したり、特定の人の権利を制限したりする行政処分）を行う場合は、事前手続として弁明の機会を付与することが必要です。措置命令も不利益処分のため、消費者庁は、事業者に対し、事前に弁明の機会を付与しなければなりません。

■ 措置命令の手続 ……………………………………………………

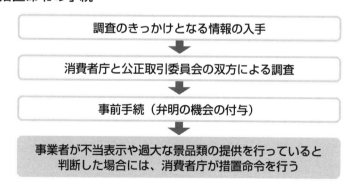

調査のきっかけとなる情報の入手

　　　↓

消費者庁と公正取引委員会の双方による調査

　　　↓

事前手続（弁明の機会の付与）

　　　↓

事業者が不当表示や過大な景品類の提供を行っていると判断した場合には、消費者庁が措置命令を行う

なお、事業者に対して、期間を定めて表示の裏付けになる合理的な根拠を示す資料の提出を求めることができます。提出ができないと、措置命令に際し事業者は不当表示を行ったとみなされます。

　以上の手続きを経て、なお事業者が不当表示や過大な景品類の提供を行っていると判断した場合には、消費者庁が措置命令を行います。

●措置命令に不服がある場合はどうする

　措置命令に不服がある場合は、行政不服審査法に基づく審査請求、または行政事件訴訟法に基づく取消しの訴え（取消訴訟）をすることになります。

　審査請求は、措置命令を知った日の翌日から起算して３か月以内かつ措置命令の日の翌日から起算して１年以内に、書面で消費者庁長官に対して行います。また、訴訟によって措置命令の取消しを請求する場合（取消訴訟）は、措置命令を知った日の翌日から起算して６か月以内かつ措置命令の日の翌日から起算して１年以内に、国（法務大臣）を被告として取消訴訟を提起します（審査請求をして裁決を受けた場合は「措置命令」が「裁決」に変わります）。

●関係省庁や都道府県知事によって措置が行われることもある

　措置命令を行う権限は、関係省庁や都道府県知事に対しても付与されています。

■ 措置命令を不服として争うための手続 ……………………………

審査請求は書面で消費者庁長官に対して行う

措置命令を知った日の翌日から起算して３か月以内かつ措置命令の日の翌日から起算して１年以内に行う

訴訟によって措置命令の取消しを請求する場合

措置命令を知った日の翌日から起算して６か月以内かつ措置命令の日の翌日から起算して１年以内に、国（法務大臣）を被告として取消訴訟を提起

課徴金制度について教えてください。

不当表示に対する経済的な制裁の制度です。

　かつて、不当表示に対する強制的な措置としては、違反行為の差止めや再発防止のための措置を求める行政処分である措置命令が行われるのみでした。しかし、大規模な事業者による食品偽装の事例が相次いで、消費者の利益が侵害される程度が著しいことから、より積極的に不当表示に対する対策が必要になりました。そこで、課徴金制度が創設され、不当表示の歯止めになることが期待されています。

　景品表示法が規制する3つの不当表示のうち、課徴金制度の対象になる、つまり課徴金納付命令を行うことができる不当表示は、①優良誤認表示が行われた場合と、②有利誤認表示が行われた場合に限定されています。これに対し、過大な景品類の提供については、課徴金制度の対象外となっています。

　また、消費者庁は、事業者が提供する商品・サービスの内容について、優良誤認表示に該当するかどうかを判断するために必要がある場合には、事業者に対して、期間を定めて優良誤認表示にあたらないことについて合理的な根拠資料の提出を求めることができます。この求めに対して、定められた期間内に事業者が根拠資料を提出できないときは、実際には商品・サービスに関する優良誤認表示が存在しないとしても、課徴金納付命令に際し、その表示が優良誤認表示に該当するものと推定されます。

もっとも、事業者が景品表示法の定める課徴金納付命令の対象行為をしたことを知らず、かつ、知らないことについて相当の注意を怠った者でないと認められるときは、課徴金納付命令を行うことができません。逆にいうと、課徴金納付命令の対象行為をしたことを知っていた事業者と、相当の注意を怠ったために知らなかった事業者が、課徴金納付命令の対象です（主観的要件）。

●課徴金額の決定

　以上の要件を満たしたときに、消費者庁は、事業者に対して課徴金納付命令を行います。このとき、納付を命じる課徴金の金額は、次のような基準で決定されます。

　まず、課徴金納付命令の対象になる期間（対象期間）は、原則として、不当表示をした期間および不当表示をやめた日から6か月以内で不当表示に関する最後の取引をした日までの期間が対象期間に含まれます。ただし、不当表示をした期間がさかのぼって3年を超える場合には、3年を超える期間が対象期間になることはありません。

　次に、課徴金額は、対象になる不当表示の影響を受けて、事業者が得た売上額の3％になります。具体的には、前述の対象期間に取引をした不当表示に関する商品・サービスの売上金額の3％が、課徴金納付命令として課されます。

■ 課徴金納付命令までの流れ ……………………………………

| 事業者 | 課徴金対象行為（優良誤認表示・有利誤認表示） |

└ 返金措置（自主返金）　→　課徴金の減額・免除の可能性

　　消費者庁の調査　　　→　弁明の機会の付与を経て、
　　　　　　　　　　　　　　先に措置命令が行われる場合がある

　　　　↓

　弁明の機会が付与される

　　　　↓

| 課徴金納付命令 | ⋯▶ 事業者が争う場合
⇒審査請求・取消訴訟

第3章

ネットショップや
オークションをめぐる
トラブル解決の知識

ネットショップで新品の空気清浄機を購入しましたが、届いた空気清浄機に不具合があった場合、どんな請求ができるのでしょうか。

同等の商品を調達可能な商品であれば交換請求可能です。

　ネット通販による商品購入も民法が規定する売買契約にあたります。売買契約を行う当事者にはそれぞれに権利と義務があります。売主は契約の内容に適合した商品を買主に引き渡す義務を負い、買主はそのような商品を受け取る権利があります。他方、売主は商品の代金を受け取る権利があり、買主は商品の代金を支払う義務があります。

　売買契約などのお互いに義務を負うような契約では、お互いが負担する義務のバランスが取れている状態だといえます。しかし、商品にキズや不具合があると、そのバランスが崩れるので、売主は損害賠償や代金減額などによって埋合せをしなければなりません。また、埋合せだけでは買主が契約を締結した目的が達成できない場合などには、買主による契約の解除を認める必要があるでしょう。このような売買契約の効力のことを売主の契約不適合責任といいます。

　たとえば、ネットショップで新品の空気清浄機を購入したが、届いた空気清浄機に不具合があり、粉じんを除去しなかったというケースを考えてみましょう。この場合、粉じんを除去しないという不具合があるので、売主は契約の内容に適合した空気清浄機を提供したとはいえません。この場合、買主は、売主に対して、追完請求権、代金減額請求権、損害賠償請求権、契約解除権を行使できます。

　上記の場合、空気清浄機は新品ですから、出品者の在庫状況に問題

なければ、同じ種類の空気清浄機を買主に送付できる状況です。したがって、買主は追完請求権を行使して、商品の交換を請求する形になるでしょう。商品の交換は「代替物の引渡し」に該当すると考えられます。民法では、契約解除に該当する返品・返金について、一定の条件を設けています。しかし、顧客が返品・返金を希望する場合は、その希望を尊重して返品・返金に応じるべきでしょう。

●中古品に欠陥がある場合

　たとえば、中古自転車を販売するネットショップで、とくに気に入った中古自転車を指定して購入したが、チェーンの不具合で走行できない状況にあったとします。

　この場合、代わりの中古自転車がないため、買主は追完請求権を行使して、中古自転車の修理を請求する形になるでしょう。また、自分で修理できる（または近隣の自転車店で修理できる）状況であれば、修理代相当分を損害額として請求するか（損害賠償請求権）、または代金から減額してもらう（代金減額請求権）ことも考えられます。しかし、修理不能な状況であれば、直ちに返品・返金を請求することになるでしょう（契約解除権）。

■ 契約の内容に適合しない商品を引き渡された買主の採り得る手段

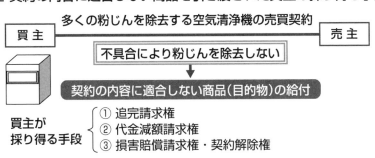

多くの粉じんを除去する空気清浄機の売買契約

買主 ―――――――――――――――――――――― 売主

不具合により粉じんを除去しない

契約の内容に適合しない商品（目的物）の給付

買主が
採り得る手段
　① 追完請求権
　② 代金減額請求権
　③ 損害賠償請求権・契約解除権

⇒①～③の請求権を保全するために、契約の内容に適合しないことを
　知った時から１年以内に、買主から売主に「通知」が必要（数量や
　権利の契約不適合に関しては通知不要）

Question 2

ネットショッピングなどで、未成年者はどんな場合に取消しをすることができるのでしょうか。

原則として未成年者を理由に取消しができますが、取消しができない場合もあります。

　民法では、未成年者を18歳未満の人（令和4年3月までは20歳未満の人でした）であるとし、未成年者が法定代理人（親権者）の同意を得ずに締結した契約を取り消すことができるとしています。取消しの意思表示は、法定代理人も未成年者も単独で行うことができます。

　たとえば、17歳の人が親の同意を得ずにネットショップで買い物をした場合は、未成年者が法定代理人の同意を得ずにした契約なので取消しができます。取消しの意思表示をネットショップに行えば、代金を支払う必要がなくなります。商品が発送前の場合は、そのままでよいですが、商品が届いている場合は返品をする必要があります。

●未成年者のクレジットカードによる買い物と取消し

　おもなクレジットカードの会員規約においては、名義人以外が不正利用した場合における会員の責任を限定しています。

　具体的には、①カード情報を管理する善管注意義務に違反した場合、②会員の家族や同居人の不正利用の場合、③会員の故意または重過失による場合、という3つのケースのいずれにも該当しない不正利用であれば、会員に支払義務が生じないとしているものが多いです。裏を返せば、①～③のいずれかに該当する不正利用については、会員に支払義務が生じることになります。

　ネットショッピングでクレジットカードを利用する場合、1回利用

すればクレジットカードの情報がパソコンやスマートフォンに保存され、次回からはカード情報の入力を省略してカード決済を利用できることがあります。これは大変便利な機能である反面、なりすましが起こりやすくなる危険性をあわせ持っています。利用頻度の低いネットショッピングのサイトではカード情報が残らない設定にするなど、管理には十分な注意が必要といえるでしょう。

●商品の返品について

「未成年者」「なりすまし」「錯誤」などの理由がある場合、商品が消費者の手元に届いているときには、その商品の返品が必要になることがあります。

「未成年者」は、商品を購入したのが未成年者であった場合です。未成年者が法定代理人の同意を得ないで交わした契約は、原則として取り消せることになっています。契約を取り消した場合、契約は初めからなかったものと扱われます。

「なりすまし」とは、他人のIDやパスワードを勝手に使って、他人になりすまして、ネットショップから商品を購入する場合です。この場合は、なりすましの被害者とネットショップとの間に契約が成立していないものと扱われます。

「錯誤」は、商品を購入する際に、操作ミスなどの勘違いがあり、本心とは異なる意思を伝えた場合です。錯誤による取引は、本人に重大な過失がない限り取消しができます。なお、電子契約法の「操作ミスに対する救済措置」が適用される場合があります（36ページ）。

■ 無効と取消の違い ……………………………………………

	主張できる者	主張できる期間	追　認	効　力
無効	誰でもできる	いつでも主張できる	できない	当然無効
取消	取消権がある者 （120条）	期間が限られている （126条）	できる	はじめに さかのぼって無効

Question 3

商品の到着が遅れたり、商品が紛失、破損した場合にはどうしたらよいでしょうか。

規約の整備などによって顧客とのトラブルの発生に備えておきましょう。

　商品の売買契約は売主と買主の意思が合致して初めて成立しますが、顧客が本当に注文をしていない場合、双方の意思が合致していないので、売買契約が成立しません。

　これに対し、実際は注文したのに「注文していない」と本人が主張している場合もあります。この場合でも、本人の「注文した」という意思表示が取り消されることがあります。事業者は、とくに顧客が消費者である場合には、商品の注文画面で申込みを確定する前に、申込内容を確認・訂正できる措置を講じなければなりません。これを怠っていて顧客に「操作ミスで注文した」などと主張されると、注文の取消しを認めざるを得なくなります（36ページ）。

●商品到着が遅くなった場合の責任

　商品が引渡期限よりも遅れて到着することは、事業者の履行遅滞（債務不履行の1つの類型）となるので、事業者は、それによって生じた損害を賠償しなければなりません。

　ただし、民法の規定では、商品が遅れている場合でも、顧客が契約を即時に解除できるわけではありません。顧客から事業者に相当期間を定めて催告を行い、その期間内に商品を受け取れない場合に契約を解除できるのを原則としています（履行遅滞による解除）。しかし、営業上の観点から考えた場合、顧客が即時解除を希望しているときは、

事業者はこれに応じるのが無難だといえるでしょう。

●長期不在や受取拒否により顧客に商品を引き渡せない場合

　顧客が代金を支払っている場合、顧客は契約上の義務を果たしているため、解除に関する特約（約定解除事項）がない限り、事業者は契約を解除できません。一方、事業者は、契約が存続する限り、顧客が受け取るまで商品を保管する義務を負います。

　ただし、顧客が合理的な理由なく商品を受け取らない場合（受領遅滞）は、商品の保管にかかった費用を顧客に請求できます。また、受領遅滞の場合において、商品が特定物（おもに中古の商品）であるときは、事業者は、商品の履行の提供をした時からその引渡しをするまで、自己の財産に対するのと同一の注意をもって商品を保存すれば足ります。

●配送途中に商品が紛失した場合や破損した場合

　運送中に商品が紛失した場合や破損した場合に、顧客に対して責任を負うのはネットショップです。たとえば、新品の商品が配送途中に紛失・破損した場合は、引渡期限に間に合うように商品を再送することが必要です。引渡期限よりも遅れる場合は、前述したように損害賠償などによって対応します。これに対し、中古の商品が配送途中に紛失・破損した場合は、返品・返金（契約解除）や損害賠償をすることで対応することが多いでしょう。

■ 履行遅滞による解除 ……………………………………………

商品が届かない

ショップ　商品　注文者

相当期間を定めて催告し、その期間内に履行がないときに契約解除できるのが原則。

→ 履行の催告

→ 解除の意思表示

注文した商品とは違う商品が送られてきたり、注文した商品が届かない場合にはどうしたらよいのでしょうか。

契約の解除や損害賠償請求をする他、返金されないときは刑事告訴を検討しましょう。

　ネットショップで商品を注文し、代金を支払ったのに商品が届かない場合は、民法が規定する債務不履行のうちの履行遅滞にあたります。この場合、顧客は、事業者（通販業者）に対し、相当期間を決めて商品を届けるよう催促（催告）し、それでも届かない場合は契約を解除することができます。契約を解除すれば、前払いした代金は当然に返還請求ができます。これに対し、まだ代金を支払っていなくても、事業者が商品を先に送り、代金は商品到着後に支払う約束（後払い）になっているのに、事業者から商品が届かないときは、顧客は上記の手続きによって契約の解除ができます。さらに、どちらの場合も、注文した商品が届かなかったことで損害が生じているときは、顧客は、契約解除後であっても損害賠償請求ができます。

●注文した商品とは違う商品が送られて来た

　注文したのと異なる商品が届いた場合、顧客は、注文した商品への交換請求ができます。また、代金支払済みの場合または代金を商品到着後に支払う約束の場合は、事業者が商品を届けていないという履行遅滞の状態であるため、顧客は、上記の商品が届かない場合と同じように契約の解除や損害賠償請求ができます。

　なお、ネットショッピングは通信販売であり、特定商取引法が定める返品制度によって、事業者が返品不可とする特約を設けることを禁

じていません（64ページ）。しかし、返品不可の特約があっても、異なる商品が届いたなどの事業者の債務不履行があるときは、顧客は、契約を解除して返品・返金を請求できます。

●注文した商品が届かない場合は刑事告訴も検討する

とくに注文した商品が数週間を経過しても届かず、代金を支払済みの場合で、事業者との連絡が取れない状況であるときは、事業者が初めから商品を送付するつもりがなく、代金をだまし取るつもりでネットショップを立ち上げたことが考えられます。

このような行為は詐欺罪に該当するため、顧客としては詐欺罪で刑事告訴をすることを検討します。刑事告訴とは、犯罪被害者が捜査機関（おもに警察）に対して犯人の処罰を求めることです。

刑事告訴を行う際には、ネットショップのホームページ、事業者名、連絡先、振込口座などの事業者に関する情報に加えて、事業者とやり取りをした電子メールや郵便などを準備します。ネットショッピングで取引を行う際には、後から生じるトラブルに備えて、少なくとも取引が完了するまでは、このような情報を保管しておく方がよいでしょう。

■ 注文した商品をめぐるおもなトラブル ……………………………

注文した商品が届かない場合	債務不履行（履行遅滞）にあたる。事業者に対し、相当期間を決めて商品を届けるよう催促（催告）し、それでも届かない場合は契約を解除できる。契約を解除すれば、前払いした代金の返還請求ができる。前払いした代金が返還されないときは、詐欺罪での刑事告訴も検討する。この場合、ネットショップのホームページ、事業者名、連絡先、振込口座などの事業者に関する情報の他、事業者とやり取りをした電子メールなどを準備する。
注文した商品とは違う商品が送られてきた	契約を解除して商品を返還し、代金返還と損害賠償を請求する方法、あるいは注文した商品と実際に届いた商品の差額の損害賠償請求をする方法がある。

5 旅行代理店のサイトでホテルの予約をしたにもかかわらず現地で「予約はない」と言われました。この責任はどこにとってもらえるのでしょうか。

サイトを運営している旅行代理店に責任を追及することができるかもしれません。

　旅行サイトもさまざまなタイプがあります。旅行代理店が運営しているものや、単に宿泊施設にサイトの掲載スペースを貸しているだけのものもあります。旅行サイトを旅行代理店が運営している場合は、予約については、旅行代理店が予約受付情報を提携宿泊先に送信して手配する形態で行われているケースが多いようです。

　このようなトラブルは、たとえネット上であっても、宿泊予約の契約があったかどうかにかかってきます。前述したように、旅行代理店を介して申込後に受付確認メールが届いていた場合には、サイトを運営している旅行代理店の責任が考えられます。予約情報を宿泊施設に伝えていなかった場合はもちろん、予約受付システムの欠陥による場合なども、旅行代理店に落ち度があれば、代わりに宿泊した施設の宿泊費用などを請求できると考えられます。

　旅行サイトなどでは責任回避のために、約款にシステムトラブルが生じた場合などは責任を免れる、という条項を置いているケースもあります。やむを得ないシステムトラブルのときは、この条項は有効と考えられますが、どんな場合にも有効となるわけではありません。例えば、消費者契約法を根拠にして、全部免責条項（全部免除条項）または一部免責条項（一部免除条項）が無効になる場合があると考えられます（44ページ）。

なりすましとはどんな行為でしょうか。なりすましの被害者に責任を追及できる場合はあるのでしょうか。

なりすましの被害者である顧客に責任追及できる場合もあります。

なりすましは、AがBのユーザーIDとパスワードを勝手に使い、Bと名乗ってネットショップCから商品を購入するような場合です。なりすましの場合は、被害者（B）とネットショップ（C）との間に契約が成立していません。Bには商品を購入する意思もなければ、商品を注文するための操作も行っていないからです。したがって、CはBに対して代金の支払いを請求できないのが原則です。

なりすましの可能性があるケースで事業者（ネットショップ）が最初にすべきことは、本当になりすましなのかを確認することです。Bがウソをついている可能性があるからです。なりすましか否かによって、その後の対応が異なるので慎重に確認しましょう。なりすましによる被害が高額であるなど、悪質な場合は警察に刑事告訴をすることも検討します。刑事告訴をするときの罪名は、刑法が定める詐欺罪や不正アクセス禁止法違反です。

●なりすましでない場合にはどうなる

Bが自分で商品を注文したのに「なりすましの被害を受けた」とウソをついていることが判明した場合は、Cとしては、通常どおりの取扱いをします。つまり、Bに商品を引き渡し（発送し）、代金の支払いを請求します。ただ、ウソをついて代金の支払いを拒否したBは、相当悪質な顧客であることが想定されるので、代金前払いか代金引換

によって商品を発送するのが安全です。

●**なりすましの場合には犯人に請求する**

　調査の結果、Aがなりすましの犯人だとわかった場合、Cは、Aに対して、不法行為に基づく損害賠償請求や不当利得に基づく商品返還請求（または商品相当額の金銭支払請求）をします。

　不法行為とは、故意（意図的に）または過失（落ち度）によって、他人の身体や財産などに損害を与えることをいいます。不法行為を行った人は、それにより生じた損害を賠償する義務を負います。これに対し、不当利得とは、利益を受ける根拠がないにもかかわらず、他人の財産や行為によって利益を受けることをいいます。不当利得を得ている人は、その得ている利益を返還する義務を負います。

　ただし、犯人Aの氏名や住所が判明しても、Aが損害賠償金などを支払うだけのお金を持っていない場合には、実際にお金を回収するのは難しくなります。

●**例外的になりすましの被害者に責任追及できる場合がある**

　なりすましの事案では、ネットショップCが被害者Bに対して責任を追及できる例外的な場合が2つあります。

・**表見代理の類推適用が可能な場合**

　表見代理とは、代理権を持っていないのに代理人と称する人と取引した相手方を保護する制度です。表見代理が類推適用されると、ＢＣ間に契約が成立したのと同様に扱われます。類推適用とは、ある法律の規定を、事案の性質が似た別の事柄にも適用することです。なりすましの事案では、犯人Aは被害者Bの代理人と称しているわけではなく、表見代理の規定をそのままでは適用できないので、表見代理の類推適用になります。

　表見代理の類推適用が認められるための大まかな要件は、①Bが注文したかのような外観があること、②外観を信頼したことについてCに落ち度がないこと（善意無過失）、③外観を作り出したことについ

てBの関与（落ち度）があることです。ただ、ネットショップとの取引において、③の要件が認められることは少なく、実際に表見代理の類推適用によってBに責任を追及するのは難しいといえます。

・規約に責任追及を可能とする規定がある場合

　ネットショップでは、IDとパスワードを使って本人確認を行っているのが一般的です。この場合、事業者が規約（ネットショップの利用規約）において、たとえば、「入力されたID、パスワードが登録されたものと一致する場合、会員本人が利用したとみなす」といった内容の規定を設けているときは、顧客に対して、なりすましの責任を追及できる可能性があります。

　しかし、このような規定が有効とされるには、事業者が通常期待されるレベルのセキュリティ体制を構築していることが前提です。セキュリティ体制が通常求められるものよりも低いと、なりすましの原因が事業者のセキュリティ体制の不備にあると判断され、顧客に責任追及できない場合があるので注意しましょう。

■ なりすまし行為とネットショップの採り得る手段 ……………

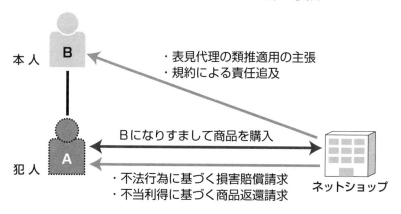

本人　B

・表見代理の類推適用の主張
・規約による責任追及

Bになりすまして商品を購入

犯人　A

・不法行為に基づく損害賠償請求
・不当利得に基づく商品返還請求

ネットショップ

ネットショップで過去に受けた注文（クレジットカード利用）がなりすましだったようです。クレジットカードの決済はどうなるのでしょうか。

契約内容や不正利用の状況によっては、代金が入金されない場合もあります。

なりすましの事案では、ネットショップと被害者の間に契約が成立することはありません。したがって、ショップ側は被害者に対して代金の支払いを請求できないのが原則です。ただ、犯人がクレジットカード決済を悪用した場合には話が少し複雑になります。ショップと被害者の関係の他に、ショップと決済業者間、被害者と決済業者間の契約関係も問題になるからです。

カード決済では、ショップと決済業者（クレジットカード会社または決済代行業者）の間で加盟店契約が締結されており、決済業者がショップに代金を支払います。なりすましの事案では、加盟店契約により、ショップへの支払いが一時保留になることがあります。

一方、被害者と決済業者の間で結ばれた契約関係は、立替払契約などによって処理されています。立替払契約とは、決済業者がネットショップに商品の代金を立替払いして、その立替払分をカード利用者に請求するという内容です。

このような場合、なりすましの問題についても加盟店契約や立替払契約などによって処理されるのが原則です。不正利用された本人（被害者）の責任の度合いによっても異なりますが、ネットショップが代金を受け取れない可能性もあるため、加盟店契約や立替払契約、その他の規約の内容には注意しておく必要があるでしょう。

 **8** 購入者になりすましの疑いがあり、当方のショップに入金された額について、カード会社から返還を求められています。応じる必要がありますか。

 不正取引があった場合、カード会社から入金された額は返還する必要があります。

　ネットショップでクレジットカード決済を行うしくみは、①ショップが自ら加盟店としてカード会社（クレジットカード会社）との間で直接加盟店契約を結ぶ形態、②ショップは決済代行業者との間で契約を結び、カード会社との加盟店契約は決済代行業者が行う形態、の2つのケースに分けることができます。

　まず、ショップが加盟店の場合ですが、カード会社との契約の中には「売上債権の買戻し」（加盟店からカード会社に対し売上債権を譲渡する契約を解除すること）の条項があります。これは、不正取引があった場合などにおいて、カード会社から売上債権を買い戻すよう請求されると、加盟店はこれに応じなければならないとする規定です。売上債権の買戻し（譲渡契約の解除）がなされると、ショップはカード会社から受け取った額を返還しなければなりません。

　次に、ショップが決済代行業者との間で契約している場合ですが、これも同様です。決済代行業者がカード会社からの売上債権の買戻しの請求に応じた場合、ショップは「売上債権の買戻し」の条項に基づいて、決済代行業者からの売上債権の買戻しの請求に応じ、決済代行業者から受け取った額を返還しなければなりません。

　トラブル予防のためにはサービスと契約内容を吟味し、コストを考慮しつつセキュリティの高いシステムを導入する必要があります。

在庫を抱えずにネットショップを運営したいので、サイトの閲覧者が商品を購入した場合に、商品をメーカーから直接発送してもらおうと思っています。どんな注意点があるのでしょうか。

必要な費用やサポート体制、補償などについて、契約内容をよく確認する必要があります。

　Webサイトの閲覧者が商品を購入した場合に、商品の発送業務をWebサイトの運営者が行うのではなく、製造元（メーカー）や卸元（卸問屋）が行うという販売手法をドロップシッピングといいます。ドロップシッピングは、Webサイトの運営者（ドロップシッパー）が、自分のところでは在庫を持たず、発送業務などをせずに商品を販売できることや、販売価格を自由に設定し、仕入れ価格との差額をそのまま自分の収入にできるので、アフィリエイトより高い収入が望めることに特徴があります。

　一方で、ドロップシッピングをはじめるにあたって、Webサイトの構築費用などの初期費用がかかる場合が多く、製造元や卸元によっては取引手数料が高額なところもあります。また、商品が手元にないので、顧客からの問合せ対応に時間がかかる他、顧客情報がドロップシッパーに渡されない契約になっている場合が多く、アフターサービスや顧客情報を利用したマーケティング、その後の営業活動などが行いにくいという面があります。

●ドロップシッピングを始める場合の注意点

　ドロップシッピングを始めようとする場合には、初期費用や取引手数料などを確認し、もし商品が売れず利益がでない場合に、どのようなサポートを受けることができるのか、補償はどうなっているのか、

などについて契約書の各条項をよく確認しましょう。顧客から返品があった場合の対応などもチェックします。製造元や卸元によっては、顧客から返品されたものはドロップシッパーが買い取る契約になっている場合があります。また、高額な情報商材が出回っていたり、詐欺が発生したりしていますので注意しましょう。

　ドロップシッピングでは、商品の販売はドロップシッパーが行い、発送もドロップシッパーの名義で行う場合が多いので、ドロップシッパーは個人であっても景品表示法上の事業者にあたり、不当表示があった場合に責任を問われる可能性が高いです。

　不当表示の例としては、十分な根拠が確認されていないのに「シミが消える」「血液がサラサラになる」などと効果を強調して表示する場合や、実績のない販売価格からの値引きをした価格と称して販売価格を表示する場合です。商品を販売する場合には、販売価格や効果などを正確に表示するように注意しましょう。

　とくに化粧品や医療機器などの販売については、令和3年8月以降、医薬品医療機器等法に基づいて課徴金制度が導入されていることに注意を要します。この課徴金制度は、誰もが適用対象に含まれており、適用対象が事業者に限定されていないからです。

■ ドロップシッピングのしくみ ……………………………………

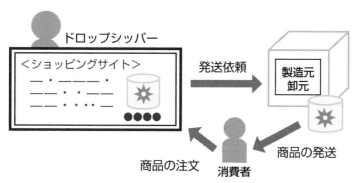

ネットオークションをする際の注意点について教えてください。個人が商品を出品する場合とは違うのでしょうか。

無用なトラブルを避けるために工夫しなければならないことがあります。

　ネットオークションは、電子商取引と言われる商取引の中でも、消費者同士の間で行われることが多い取引です。ネットオークションが消費者間で行われる場合には、対等な当事者間での取引となりますから、消費者契約法などの消費者保護に関する法律は適用されず、民法が適用されるのが原則です。ネットオークションは、自分には不要となった中古品でも気軽に売買することができるため、非常に効率のよい取引といえます。開始時の価格は、出品者側が好きなように決めることができるため、自由度の高い取引ということもできます。

　ただ、ネットオークションも取引のひとつですから、売買が禁止されている物を出品したり、許可がないと売買してはいけないものを無許可で出品したりすることはできません。

　もっとも、ほとんどのオークションサイトは、オークションの場を提供しているにすぎないという立場をとっています。実際に取引をする場合には、たとえば、代金は前払いにせずに商品との代金引換で受け取るようにするなど、トラブルになりそうなことは避けるようにして、自己責任で行う必要があります。

　トラブルを避けるためには、利用者が疑問点や不審点を確認できるようなシステムであるかチェックすることです。また、金銭をめぐる事項に関しては、とくに消費税の有無の他、商品の送料や代金引換の

場合の手数料などについては、どちらが負担するのかを明確にしておくことがトラブル防止につながります。さらに、商品に欠陥があった場合に返品を受け付けるのかどうかという点についても、取引前に確認できるようにしましょう。

●個人が商品を出品する場合の注意点

　消費者である個人が出品者となる場合は、特定商取引法の規制を受けないのが原則です。しかし、出品数や落札額が非常に多くなると「事業者」に該当するとみなされ、特定商取引法の規制を受ける可能性があります。たとえば、消費者庁・経済産業省が公表している「インターネット・オークションにおける『販売業者』に係るガイドライン」では、以下のいずれかにあてはまる場合に「事業者」に該当する可能性が高いことを示しています。

①　過去１か月に200点以上または一時点において100点以上の商品を新規出品している場合

②　落札額の合計が過去１か月に100万円以上である場合

③　落札額の合計が過去１年間に1,000万円以上である場合

■ ネットオークションのしくみ ……………………………………………

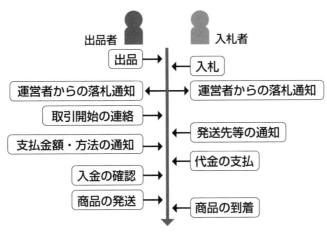

ノークレームノーリターンの特約に承諾して落札した場合には出品者に何も責任を追及できないのでしょうか。

契約不適合責任に基づく契約解除や損害賠償請求などができる場合があります。

　ノークレームノーリターンとは、とくにネットオークションにおいて、対象の出品物が中古品であることなどを理由に、出品物に関する一切のクレームを受け付けず、返品も受け付けないことを条件とし、落札者が入札した場合は、これを受け入れたことを意味すると考えられる特約のことです。ノークレームノーリターンは、出品者（売主）の契約不適合責任を免除する特約であると考えられています。そして、当事者が合意の上で、売主の契約不適合責任を免除する内容の特約をつけて契約を結ぶことは、法律上許されていると考えられています。

　このことから、ネットオークションにおいてノークレームノーリターンが付されている商品を落札した場合には、落札者がノークレームノーリターンについて承諾して落札したものとみなされ、届いた出品物に何らかの欠陥など（契約不適合）があったとしても、落札者は、出品者に対して契約不適合責任を追及できないのが原則です。

　ただし、出品者が事業者、落札者が消費者の場合は消費者契約法が適用され、種類・品質に関する売主の契約不適合責任の全部を免除する条項が無効ですから、事業者はノークレームノーリターンの特約を使えないと考えておくべきでしょう。

●責任追及が認められるケースとは

　法律は不正な手段を用いた信義に反する取引を許しているわけでは

ありません。そもそも売買契約において売主の契約不適合責任が認められているのは、両当事者の地位の均衡を保つためであると考えられています。したがって、出品物に説明や写真に記載がない欠陥（傷や汚れなど）があること、出品物が他人の物であること、出品物の数量が不足していること（これらはすべて契約不適合にあたります）などについて、知っていながらもあえて落札者に告げなかった事情がある場合には、特約が付けられていても、落札者は、契約不適合責任に基づく契約解除や損害賠償請求などができると考えられています。

●出品物が明らかに写真や説明と異なる場合

　ノークレームノーリターンの特約が付いていたとしても、出品者が写真や説明とは明らかに異なる商品を送付してよいわけではありません。この場合は、契約の内容に適合する出品物を送付していないことになるので、落札者が出品者に対して契約不適合責任を追及できると考えられます。そして、出品者が返金や交換に応じないときは、だますつもりで出品したことが考えられますので、詐欺罪での刑事告訴も検討に入れるべきでしょう。

■ ノークレームノーリターンの特約 ……………………………………

出品者　　　　　　　　　　　　　　　　　　　　落札者

売買契約

出品者が契約不適合責任を負う

出品物

ノークレーム
ノーリターン
◎契約不適合責任の免除
（クレームや返品を受け付けない）

〈例外〉出品者が商品の欠陥など（契約不適合）を知っていたのに落札者に伝えなかった場合
⇒出品者は契約不適合責任を免れることはできない

落札したブランド品がニセモノだった場合や落札したのに送金後も出品物を送ってこない場合はどうでしょうか。

 オークション次点詐欺や返品詐欺などがあります。

オークション次点詐欺とは、出品者を名乗る人から「落札者が辞退してあなたが落札者になったので、代金を払えば商品を送る」との連絡が入り、代金を支払ったにもかかわらず、商品が届かないケースです。オークションの通常のシステムとは異なる手段で連絡がきた場合は、とくに注意が必要です。この場合、オークション運営者への確認や、可能であればカード決済を利用する（商品が届かないときに出品者への入金を止めることができるので）などの対策が必要です。

●落札したブランド品がニセモノだった場合

落札者が個人である消費者、出品者が事業者であれば、特定商取引法や消費者契約法などを適用して契約の取消しができます。出品者が個人の場合でも、営利目的で反復継続性があれば「事業者」とみなされる場合があります（130ページ）。

事業者が出品するブランド品と説明されているバッグを落札したが、届いたものがニセモノだった場合、消費者契約法による不実の告知にあたり、契約の取消しが可能です。出品者が事業者とみなされない場合でも、落札者がブランド品だと誤信して落札したときは、民法95条の錯誤の規定により契約の取消しが可能です。出品者がニセモノだとわかって出品していた場合は、民法96条の詐欺の規定が適用され、同じく契約の取消しが可能です。

●落札したのに送金後も出品物を送ってこない

　落札した出品物が届かないといったトラブルについては、配送中の
事故でなければ、単に出品者が何らかの事情で出品物を発送していな
いか（履行遅滞）、当初から詐欺を目的としているかのいずれかが考
えられます。

　出品者の事情で発送されていない場合は、通常であれば容易に連絡
がつくはずですので、落札者は、メールや電話で相当の期間を定めて
発送の催告をし、その期間内に発送されなければ契約の解除を表明し
ます。場合によっては、内容証明郵便によって意思表示をする必要も
あるでしょう（240ページ）。また、契約解除後に返金がなされないと
きは、裁判所を通して支払督促や訴訟といった法的措置をとることが
可能です。

　これに対し、連絡先がウソだった場合などは、詐欺の疑いがありま
すので、詐欺罪による刑事告訴を検討します。

■ おもなオークショントラブルと対応策① ‥‥‥‥‥‥‥‥‥‥

【ケース】オークション次点詐欺 （被害者：落札者）	【ケース】落札したブランド品が ニセモノだった （被害者：落札者）
➡ ・通常のシステムと異なる手段による連絡には注意する ・運営者へ確認をする	➡ 落札前に出品者の情報（評価履歴）をよく確認する
【ケース】返品詐欺 （被害者：出品者）	【ケース】落札した出品物が 届かない （被害者：落札者）
➡ 出品物の詳細を発送前に撮影しておき、返品されたものをよく確認してから返金に応じる	・催告の後に契約を解除する ・直接 or 訴訟による返還請求 ・詐欺の場合は刑事告訴

落札した出品物が盗品だった場合にはどうしたらよいでしょうか。イメージが異なるだけで解除や取消しはできるのでしょうか。

契約の解除や取消しができる場合とそうでない場合があります。

出品者が個人の場合は民法が適用されるのが原則です。落札者としては、重要部分に錯誤があれば、錯誤による取消しを主張し、出品者による詐欺が行われている場合は、詐欺による取消しを行うといった対応が考えられます。また、契約不適合責任を追及して損害賠償請求や契約解除などをすることも考えられます。ただ、出品物の使用感などについては、出品者との認識の違いがあることも多く、なかなか解決に至らないのが現実です。

●落札した出品物が盗品だった

たとえば、Bの所有する動産（バッグ・時計など）を、AがBの了承を得ることなく勝手にCに売却した場合、Aが動産の所有者でないことをCが知らず、かつ知らないことにつき過失がない（善意無過失）ことを条件に、Cはその動産を自分の所有物にできるのが原則です（民法192条）。これを即時取得といいます。しかし、Aが動産をBから盗んでいた場合、つまり動産が盗品である場合には、Bは、Aに動産を盗まれた時点から2年以内に限り、Cに対して盗品の返還を請求すること（盗品回復請求）ができます（民法193条）。そして、盗品回復請求はCに金銭を支払うことなく行えるのが原則です。

ただし、Cがネットオークションなどの「公の市場」を通じて盗品をAから購入していた（落札していた）場合には、Bは、Cが購入に

要した金額（代金相当額）をＣに弁償しなければ、盗品回復請求ができないとの特則があります（民法194条）。なお、Ｂは、盗品回復請求に要した費用の支払いをＡに請求できますが（費用弁済請求）、Ａが所在をくらまして費用回収が難しくなることも多いようです。

●イメージが異なるとの理由だけで解除や取消しができるか

　売買契約を締結した場合、売主は契約の内容に適合する商品を買主に引き渡す義務があります。この点は、ネットオークションにおいても同様であるため、出品者は、写真や説明欄の内容に適合している出品物を落札者に送付する義務があります。

　イメージが異なるというトラブルで多いのが、出品物について写真と実物との色合いが異なる場合や、写真の印象より実物の方が大きい・小さい場合です。たとえば、出品物のサイズについては、説明欄にサイズが記載されており、出品物の実寸がそのサイズであるときは、契約の内容に適合していることから、契約不適合責任による契約解除や錯誤・詐欺による取消しをするのは難しいでしょう。

■ おもなオークショントラブルと対応策②　………………………

【ケース】落札した出品物が思ったように使用できない（被害者：落札者）	【ケース】落札した出品物が盗品だった（被害者：落札者・元の所有者）
➡ ・相手方が個人 　契約不適合責任を追及する 　民法の錯誤や詐欺による取消を主張する ➡ ・相手方が事業者 　上記の主張・追及に加えて、消費者契約法による取消などを主張する	➡ 落札者は元の所有者から代金相当額の弁償を受けたら商品を返還する ➡ 元の所有者は盗人に費用弁済請求をする 【ケース】落札した出品物がイメージと異なる（被害者：落札者） ➡ 商品に契約不適合があるわけではない場合は、契約不適合責任による契約解除や錯誤・詐欺を理由とする取消が難しい

 落札した出品物に欠陥があったり、出品物が届かなかった場合にオークションサイトに責任を問うことはできるのでしょうか。

 オークションサイトは取引に直接関与せず、責任追及ができる可能性は低いといえます。

　ネットオークションに関する規制には、おもに特定商取引法と景品表示法に関するものがあります。

① 特定商取引法の規制

　消費者庁・経済産業省は、前述した「インターネット・オークションにおける『販売業者』に係るガイドライン」において、出品商品数と落札額の合計額が一定の基準を超える場合には、個人であっても特定商取引法を適用する方針を示しています。本ガイドラインでは、以下のように、特定のカテゴリー・商品に関する一定の基準をあわせて示していることに注意が必要です。

・「家電製品等」について、同一の品目を一時点において5点以上出品している場合

・「自動車・二輪車の部品等」「CD・DVD・パソコン用ソフト」について、同一の商品を一時点において3点以上出品している場合

・「ブランド品」「インクカートリッジ」「健康食品」「チケット等」に該当する商品を一時点において20点以上出品している場合

② 景品表示法の規制

　たとえば、商品を実際のものよりも優れているとウソの表示をすること（優良誤認表示）が不当表示として禁止されます。違反者には、消費者庁から不当表示の削除、再発防止策の実施などを命じる措置命

令が出され、従わないと刑事罰（懲役刑・罰金）が科されることもあります。

●オークションサイトへの責任追及

ネットオークションを利用した取引は、出品者と落札者との間の直接取引です。オークションサイトは取引の場を提供することを業としており、ほとんどの場合は、利用規約において取引上の損害に対する責任を負わないことを宣言しています。オークションサイトは出品物の詳細な状態まで確認できないからです。

もっとも、オークションサイトでの詐欺被害を考慮し、上限を定めて被害を補償する制度を設けている運営者も存在します。しかし、補償の適用条件をクリアすることが難しく、すべての詐欺被害を補償する内容のものではありません。現状では、自己責任でオークションに参加している以上、落札した出品物に欠陥があったり、出品物が届かなかったりしたからといって、オークションサイトに法的責任を負わせることは非常に難しいということができます。

たとえば、被害にあった落札者が採り得る手段は、「出品者に完全品との交換や修理費用分の損害賠償を請求する」「契約を解除して返金を求める」などがあります。しかし、悪質な出品者は音信不通となることが多く、被害回復ができないケースが多いといえるでしょう。

■ オークションサイトと取引上の責任 ……………………………

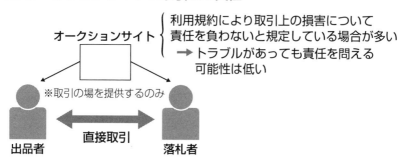

競り落とした中古品のバッグが、写真のイメージと異なり気に入りません。今から取引を取り消すことはできないのでしょうか。

イメージが異なるという理由だけでは、取引の取消しや解除はできません。

　売買契約において、引き渡された商品に欠陥など（契約不適合）があった場合、買主（落札者）は、売主（出品者）に対して損害賠償請求や取引の解除などを行うことができます。これを契約不適合責任といいます。

　たとえば、写真に撮られていない箇所に大きな擦り傷があったにもかかわらず、何も説明がなされていなかった場合には、バッグを引き渡された落札者は、出品者が個人であっても契約不適合責任を追及できます。出品者がバッグに擦り傷があるのを知りながら、あえて無傷と説明していたのであれば、落札者は、詐欺を理由に取引の取消しができます。また、出品者が個人、落札者が事業者であれば、消費者契約法が定める不実告知を理由に取引の取消しもできます。

　ただ、実際に契約不適合責任などを追及する場合、どの程度の傷であれば、契約不適合であったり、不実告知であったりいえるかの判断は難しいところです。オークションで中古品を取引する当事者間には、商品の写真と説明では現状を完全に伝えることはできない点について、ある程度の共通の認識があるといえます。したがって、単に写真のイメージと異なるという理由だけでは、取引の取消しや解除は難しいと考えておくべきでしょう。

クレジットカード番号を悪用した不正請求があった場合にはどうしたらよいのでしょうか。

クレジット決済の不正請求に対しては支払拒否などの対応をとる必要があります。

法的な権利という点から見れば、契約内容と異なる代金を請求されて支払った場合、購入者は、販売元に対して超過分の返金を請求する権利があります。ただ、最初からだます目的を持っていた販売元では音信不通になることも多く、この場合は返金を請求することが難しいといえます。たとえば、契約内容とカード会社（クレジットカード会社）からの請求金額に相違がある場合は、明細が送られてきた時点でカード会社に支払拒否（チャージバック）の連絡をする方法があります。チャージバックとは、カード所有者からの求めにより、カード会社が加盟店に取引の正当性について確認を求める制度のことで、不正が認められればカード所有者への支払請求が停止されます。

カード会社は、カード所有者から支払拒否の求めを受けると、商品を販売した加盟店に伝票などの調査を求め、カード所有者の主張が正しければ、加盟店に支払済みの代金の返還（売上債権の買戻し）を請求します。チャージバックが発生して売上債権の買戻しがなされた場合でも、加盟店への補償はないため、加盟店はクレジット決済に対するセキュリティの確保に努めるべきだといえます。

●カード番号を悪用した不正請求

オンライン取引をするサイトの中には、カード番号を入力させた後でサイトを閉鎖し、入手したカード番号を悪用して不正請求を行う悪

質なサイトもあります。カード所有者がこうした被害に遭わないためには、怪しいと思われるサイトでのカード利用を控えることが一番です。もし不正請求があった場合には、早急にカード会社に連絡してチャージバックを依頼しましょう。とくに、オンラインカジノなど、日本の法律に抵触するような商品やサービスを提供するサイトには要注意です。

　なお、令和3年7月にIR整備法（特定複合観光施設区域整備法）が施行されましたが、IR整備法は免許を受けた事業者の施設で行われるカジノに賭博罪などを適用しないものであり、オンラインカジノが違法であることに変わりはありません。アメリカやオーストラリアなど、法律でカジノが認められている国の事業者が運営し、当該国で正式な許認可を受けていても、日本国内からインターネットを通じて参加することは賭博罪などに該当します。

■ クレジットカードを利用した商品購入のしくみ ⋯⋯⋯⋯⋯⋯⋯

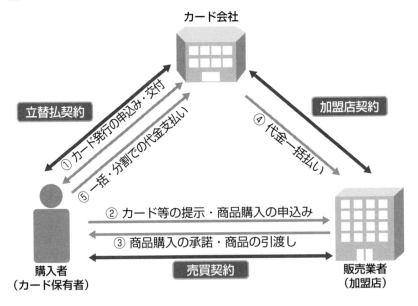

システム障害によって一時的にオンライントレードが利用できなくなった場合にはどうしたらよいのでしょうか。

システム障害が原因のトラブルについて重大な過失があれば、オンライントレードを運営する会社が責任を負う可能性があります。

・・

　原則として、オンライントレードを含めて、事業者と消費者との間におけるインターネット上の取引の場合、申込みを受ける事業者が「申込内容を確認できる措置」を講じていなければ、申込者である消費者は、取引内容を勘違いして行った契約の申込み（錯誤がある契約の申込み）について、自らに重大な過失があっても錯誤取消しの主張ができます。ただし、例外的に消費者が自ら申込内容の確認措置が不要であるとの意思を表明していた場合には、自らに重大な過失があるときに錯誤取消しを主張できなくなります。

●システム障害による損失と差損の補償請求

　システム障害によって一時的にオンライントレードが利用できなくなることもあります。利用者に生じた差損を補償請求できるかどうかは、システム障害の発生原因により異なります。

　通常、オンライントレードを運営する証券会社は、取引条件を定めた約款に、自社の故意または重大な過失によって生じた損害を除き、顧客に生じた損害について責任を負わないとする条項（損害賠償責任の免責条項）を設けているのが一般的です。ここで「故意」とは、ある結果が生じるのを認識しながら、その結果が生じてもよいと認めていることをいいます。たとえば、証券会社が利用者に損害が生じるこ

とを認識しながら積極的にサーバをダウンさせた場合、利用者は差損の補償請求ができます。しかし、故意にシステム障害を起こすケースは考えにくいため、「重大な過失」の有無が重要になります。

オンライントレードのシステムの運用に関しては、通常人に要求される程度の注意をするだけでは、重大な過失がないとはいえないとされています。システム運用を担う証券会社には、専門的な技術・知識のある技術者などが従事しているはずです。したがって、技術・知識のある人が予見でき、一般的に行われる検証活動により、システム障害を容易に回避できたにもかかわらず、これを怠った場合に重大な過失があったとして証券会社に差損の補償請求が可能と考えられます。

しかし、システム障害の発生要因にはさまざまなものがあることから、一定の技術・知識がある人でも、すべてを予見・回避するのは困難といえます。通常の取引では考えられないアクセス集中も同様です。したがって、通常の取引に耐えられない貧弱なシステムを用いていた場合や、定期的なメンテナンスを行っていれば発生しなかったであろう物理的なトラブルなどが原因と考えられる場合に限り、証券会社に差損の補償請求が可能と考えられます。

■ システム障害による差損の補償請求 ……………………………

回線・ネットワークのシステム障害

⇩

利用者に生じた差損

利用者 ⟶ 証券会社

補償請求ができるか？

〈要件〉
「故意」⇒（例）証券会社が積極的にサーバをダウンさせる
　　　　　→実際にはあまり起こらない
「重大な過失」⇒システム障害を予見していたが回避しない
　　　　　→（例）専門技術者が検証活動により予見できた
　　　　　　　　トラブルの回避を怠った場合

第4章

著作権や個人情報保護
などの法律知識と対策

ホームページを作成する際にどんなことに注意する必要があるのでしょうか。

著作物の無許諾での転載や商標登録された
名称の無断使用などの問題があります。

知的財産権を侵害すると民事上の責任（損害賠償責任など）だけではなく、刑事上の責任（懲役や罰金どの刑罰）も発生します。ホームページ作成の場合、イラスト、写真、音楽、映像、書籍の無断転載といった著作権侵害や、その他の権利を侵害する場合もあります。

●著作権侵害に注意する

思想または感情を創作的に表現したものを著作物といい、著作物を複製（コピー）する、公衆送信（インターネット上へのアップロードなど）をする、展示する、上演するといった権利が著作権（著作財産権）です。著作権は、著作物を創作した時点で、これを創作した人（著作者）に発生し、他人に譲渡したり、担保に入れたりすることができます。

・許諾を得た場合や無許諾での利用が認められる場合

著作権者の許諾を得た場合や、無許諾で利用してよいことが著作権法で明記されている場合は、著作権者以外の人も著作物を利用することができます。もっとも、無制限での利用ができるわけではなく、許諾を得た範囲内や、著作権法で明記された範囲内での利用が許容されるにとどまる点に注意を要します。

・私的使用の範囲内での複製

私的使用の範囲であれば、著作権者の許諾を得ずに著作物を複製し

て使用することができます。私的使用とは「個人的に家庭内で」という意味ですから、不特定多数に公開するホームページでの著作物の使用（転載など）は私的使用にあたらず、無許諾で行うと著作権侵害になります。社内利用も私的使用ではないので、著作物を社内会議で印刷して配布することは、検討過程における利用を除いて無許諾で行うと著作権侵害になります。

●**商標権**が問題となる場合

　ホームページ作成の際は、「○○○.co.jp」「○○○.com」などのドメイン名（インターネット上の住所にあたるもの）を登録しますが、ドメイン名は任意に設定できます。しかし、登録したドメイン名が第三者によって商標登録されており、商品やサービスの内容が類似して識別性が害される場合は、商標権侵害を理由にその第三者から訴訟を提起されるリスクがあります。ホームページに掲載したロゴマークや名称が第三者によって商標登録されている場合も同様です。ドメイン名やロゴマークなどについては、事前に商品やサービスの内容が類似していたり、識別性を害していたりしないかを調査しましょう。

■ **ホームページ作成における知的財産権侵害のリスク** …………

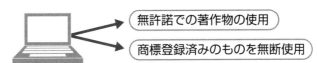

無許諾での著作物の使用

商標登録済みのものを無断使用

著作権
● ホームページ作成における著作物の使用は「私的使用」にあたらない
● 他人の著作物を無許諾で使用すると原則として著作権を侵害する

商標権
● 商標登録されているドメイン名を使用してはならない
● ホームページ内に掲載するロゴマーク・名称が第三者によって
　商標登録されている場合がある
　（商標権侵害にあたらなくても不正競争防止法に違反するおそれがある）

どんなものが著作権法上の著作物といえるのでしょうか。

思想または感情を創作的に表現しているものが著作物になります。

　思想または感情を創作的に表現している写真は、誰が撮影したのかを問わず、写真の著作物として認められます。具体的には、撮影者がシャッターチャンスや構図に工夫を凝らして撮影した写真であれば、写真の著作物として著作権法上の保護を受けます。プロのカメラマンが周到に準備して撮影した写真に限らず、素人が撮影したスナップ写真や、スマートフォンのカメラ機能を利用して撮影した写真であっても、写真の著作物に含まれる場合があるのです。

　たとえば、カタログの写真は、一見すると商品を並べているだけのように思えますが、撮影者が商品を魅力的に見せるため構図などに工夫を凝らして撮影しているので、写真の著作物にあたります。

　しかし、プリクラ機で撮影した写真は、機械的に撮影されるものです。また、証明写真は、人が撮影したとしても、その性質上撮影者の工夫が入る余地が非常に少ないといえます。したがって、プリクラ機の写真や証明写真は、写真の著作物にあたらないとされています。

●グラフ（図表）と著作権侵害

　ホームページの制作会社に、健康器具会社の担当者から「自社のホームページを新しくしたいが、競合会社の会社案内に載っているグラフが、イラストを利用して工夫されている。市場の売上規模の推移は健康器具の大きさで表し、マーケット・シェアは健康器具を分割・

色分けして表現し、売れ筋品の価格は紙幣で表すなど、わかりやすいので、加工して自社のホームページに使いたい」との依頼があった場合、これは著作権侵害にあたらないのでしょうか。

　学術的な性質を持つ図表・図形・模型などの図形は著作物にあたります。ただし、ありふれた一般的なものは、創作的に表現されたものとはいえず、著作物にあたりません。上記の依頼は、単純な棒グラフ・円グラフよりは工夫されているとはいえ、グラフをイラスト化して表現することは、誰もが思いつくありふれたものとされるでしょう。

　したがって、イラストの著作権侵害を避けるため、新たに別のイラストを描き起こせば、著作権侵害の問題にはならないでしょう。

●顔文字やアスキーアートなども著作物といえるのか

　顔文字やアスキーアートは、思想または感情を創作的に表現したものであれば、美術の著作物として著作権法上の保護を受けます。顔文字については、誰もが思いつくようなありきたりのものが大半を占めますが、アスキーアートの中には、非常に複雑で、一般の人が思いつかないものや作成できないものもあります。とくに後者については著作物と認められるケースがあるといえるでしょう。

■ 著作物にあたるもの・あたらないもの ……………………………………

	著作物にあたるもの	著作物にあたらないもの
写真	シャッターチャンスや構図に工夫を凝らしたもの	機械的に撮影されたもの
グラフ(図表)	学術的な性質をもつもの	図表の描き方が一般的なもの(創作的な表現とはいえないもの)
顔文字アスキーアート	複雑で一般の人が思いつかないものなど	誰もが思いつくようなありきたりなもの

事業者が掲示板やブログなどのユーザーの投稿したコンテンツを変更・削除する場合の問題点について教えてください。

投稿時における著作権の権利処理や変更・削除後における発信者情報開示請求への対応が必要になります。

インターネット上の掲示板やブログなどのWebサイトにユーザーが投稿したコンテンツ（文章・画像・動画など）について、事業者（運営者）がその変更や削除などを行うためには、ユーザーの許諾を受ける必要があります。しかし、コンテンツに変更や削除などを加える際に、その都度、許諾を得なければならないとすると、事業者の負担が大きくなりすぎるので、あらかじめユーザーが投稿を行うに先立って、ユーザー（著作権者）から著作権に関する許諾を得ておく方法が考えられます。具体的には、以下の3つの方法が考えられます。

① Webサイト事業を行う上で必要な範囲内で利用規約を設けて、ユーザーが投稿したコンテンツに対して変更などを加えることがあるとの条項をあらかじめ示しておき、その条項について承諾した上で、ユーザーが投稿を行うというシステムを採用する方法です。

② ユーザーが著作権を保持したままで、事業者がWebサイト事業の必要に応じて、ユーザーが投稿したコンテンツを利用することの許諾を受けるという方法もあります。

③ 投稿の条件として、ユーザーが保持するコンテンツの著作権を事業者に譲渡することをあらかじめ明示する方法も考えられます。

もっとも、著作権が事業者に譲渡されても、著作者人格権は依然と

してユーザーが保持しています。したがって、事業者が著作物の同一性を失わせるような著作者の意に反する変更を加える場合は、著作者人格権に基づいて、ユーザーが事業者に対して、そのような変更を止めるよう主張できます。これを阻止するには、あらかじめユーザーが著作者人格権を行使しないとの条項を設けておくことが考えられます。

●投稿削除請求や発信者情報開示請求について

　掲示板やブログなどへの投稿が、第三者の著作権や名誉権などの権利を侵害するものである場合、その第三者は、掲示板やブログなどの管理者に対して、権利を侵害する投稿の削除を請求できます。

　プロバイダ責任制限法によると、この請求に従って管理者が権利を侵害するとされる投稿を削除した場合は、同法が定める「損害賠償責任の制限」が及ぶため、管理者は、削除された内容を投稿した人に生じた損害を賠償する責任を負いません。また、プロバイダ責任制限法では、ユーザーの投稿によって権利が侵害されたとされる者が、管理者に対して投稿したユーザーの情報を開示するよう求める「発信者情報開示請求」の手続きについても規定しています（231ページ）。

■ ユーザーが投稿したコンテンツに関する問題 ┄┄┄┄┄┄┄┄┄┄

ユーザーが投稿した コンテンツに関する問題	事業者の対応
著作権に関する問題 （コンテンツの著作権者は ユーザーであることが 原則）	①変更や削除などに関する利用規約の設定
	②事業に必要な範囲で著作権者の許諾を受ける
	③著作権の譲渡を受ける 　＊著作者人格権については不行使の取決めが必要
権利を侵害する コンテンツの投稿	①発信者情報開示請求を受けた場合の対応
	②プロバイダ責任制限法をふまえた対応 　⇒あらかじめ権利侵害のコンテンツの投稿を 　　禁止することを通知・公表しておく

 **ソフトウェアの使用許諾の形態について教えてください。**

 クリックオン契約やシュリンクラップ契約があります。

ソフトウェアの購入は、通常の場合は「ソフトウェア使用する権利（使用権）を購入している」ことを意味します。したがって、ソフトウェアの購入者は、著作権者との契約に基づくソフトウェアの使用権者にすぎないため、著作権法および著作権者との契約に従ってソフトウェアを使用する必要があります。ソフトウェアの使用権の購入は、著作権者との使用許諾契約と呼ばれ、次のような形態があります。

① **クリックオン契約**

ソフトウェアを店舗もしくはネット通販などで購入し、使用するパソコンで実行できるようにセットします（インストール）。このときに、画面上で契約内容に同意するかどうかを尋ねられ、「同意する」を選択することで契約が締結されたことになり、インストールが行われる方法です。

② **シュリンクラップ契約**

パッケージに使用許諾契約の内容が印刷されている場合、購入者が封を開けた時点で契約が成立したとされる方法です。

わが国では、明確な法律の定めはないものの、どちらの方法でも使用許諾契約が成立するとされています。

●**ソフトウェアのインストールと複製**

著作権法では、ソフトウェアの使用許諾を得ているだけのユーザー

が、そのソフトウェアを無許諾で複製することを認めていません。そして、ソフトウェアのインストールは、著作権法でいう複製にあたるため、インストールも著作権法および使用許諾契約で許された範囲でしか行うことができません。

　実際の使用許諾契約では、「1パッケージ1台のパソコンにのみインストールを認める」「同時に使用することがない同一人物の複数のパソコンにインストールすることを認める」という条項が多く見られるようです。いずれも、複数の人による同時使用などを制限する目的からの使用許諾契約の条項です。これが著作権者の許諾した複製の方法や数量ですから、この範囲を超えると著作権侵害の問題が生じます。

●ソフトウェアのバックアップ

　ソフトウェアが保存されている媒体（メディア）の破損や滅失に備えて行うバックアップも、著作権法上は複製にあたります。しかし、ソフトウェアのバックアップは、破損や滅失に備える目的であれば、著作権法上は著作権者に無断で行うことができると考えられています。

　ただし、使用許諾契約で「破損・滅失の場合は再度提供するので、バックアップを禁止する」としている場合もあるため（この場合にバックアップを行うと少なくとも契約違反となります）、契約内容を確認するようにしましょう。

■ ソフトウェアの購入と使用許諾契約 ……………………………………

| ソフトウェアの購入 |
↓ ソフトウェアそのものを買っているわけではない
| ソフトウェアの使用権の購入 |
↓ 複製権や譲渡権は著作権者が持っている
| 使用許諾契約 |

まとめサイトが著作権を侵害する場合について教えてください。

他人の著作物をそのまま掲載すると著作権侵害になる可能性があります。

　ネットビジネスのモデルのひとつとして「まとめサイト」によるサービスの提供が多く行われています。まとめサイトとは、おもにインターネット上で公開されている情報をもとに、特定のテーマに関して、多くの情報が編集されて閲覧可能になっているWebサイトのことです。「キュレーションサイト」とも呼ばれています。特定のテーマに関する膨大なインターネット上の情報を収集し、編集を加えることによって要約が行われていますので、利用者（閲覧者）にとっては必要な情報を短時間に得ることができるというメリットがあります。特定のテーマに関して、複数の人による異なる視点からの情報が掲載されていることも特徴です。

　このように、利用者にとってメリットのあるまとめサイトですが、まとめサイトを運営する事業者（運営会社）にとっても、まとめサイトは収益をもたらすビジネスの形態のひとつになっています。たとえば、まとめサイトには広告が掲載されており、利用者がまとめサイトに掲載されている情報を閲覧する際に、広告に表示されたWebサイトにアクセスすることがあります。そして、Webサイトにアクセスした人が商品を購入した場合などに、運営会社に報酬を支払うというしくみです（成功報酬型広告）。単価（1回の購入などで支払われる報酬額）は大きくありませんが、まとめサイトへのアクセスが増えれ

ば、それだけ報酬額も増えるため、運営会社にとっては有力な収入源になっています。

●著作権上問題はないのか

まとめサイトの情報源は、おもにインターネット上のホームページ、ブログ、SNSなどに公開されている文章・画像・音声・動画といった情報です。したがって、そのまま掲載した場合はもちろん、多少の編集を加えたつもりでも他人の著作権を侵害するおそれがあります。著作権侵害の問題をクリアするには、著作権者の許諾を得ることが原則ですが、インターネット上の情報すべてについて、必ずしも明らかではない著作権者の許諾を得ることは非現実的です。

そこで、著作権法上の引用を行うことが考えられます。引用を行うことで、他人の著作物を無許諾で掲載しても、著作権侵害にあたらないことになります。具体的には、他人の著作物にかっこ書きをつけるなどして、他人の著作物にあたる部分との区別や主従関係をはっきりさせ、まとめサイトへの掲載者自身の記事における引用として著作権侵害を防ぐことができます。

■ まとめサイトのしくみ ……………………………………………

特　徴

・クリック報酬型広告や成功報酬型広告が収入源
・広告収入やアクセス数を稼ぐ目的で記事が作成されている
・まとめサイトのサイドバーや記事の下に広告を掲載することが多い

問題点

・まとめサイトの情報源は、おもにインターネット上の情報なので、不適切な引用や盗用などによって他人の著作権を侵害してしまうおそれが高い
・SNS のシェア機能などを利用して情報が拡散される

Question 6 著作権法上の引用ルールについて教えてください。

Answer 著作権法では、著作権者の許諾を得ないでした引用も許される場合があることが規定されています。

引用とは、他人の著作物を自分の著作物の中に取り込み、それをもって自分の意見や感情などを表現することをいいます。

著作権法32条には、引用は、「公正な慣行に合致するものであり、かつ、報道、批評、研究その他の引用の目的上正当な範囲内で行われるものでなければならない」と規定されています。これは、「引用だ」といえば何でも著作者の許諾を得ることなく行うことができるわけではないことを示すものです。たとえば、自分の書いた文章よりも他人の書いた文章（他人の著作物）の方が割合的に多い場合には、許された引用の範囲を超えていると判断される可能性が高いでしょう。

以下、著作権法で許される引用となるための条件を説明します。

① **引用される著作物は公表済みのものであること（公表著作物）**

未公表の著作物を引用することは、その著作物の著作者が有する著作者人格権のひとつである公表権を侵害するおそれがあります。

② **引用の目的上正当な範囲を引用していること（主従関係）**

正当な範囲といえるためには、引用する側の著作物（自分の著作物）が「主」、引用される側の著作物（他人の著作物）が「従」という主従関係がなければなりません。主従関係は引用する量だけでなく、その質からも判断されます。

③　引用する側の著作物と引用される側の著作物とを明瞭に区別して認識できること（明瞭区別性）

　この点が不明確だと結果として盗作と同じ効果が生じてしまいます。

④　原則として他人の著作物の一部を引用していること（一部の引用）

　引用される側の著作物の種類によっては全部を引用することも許されると考えられます。たとえば、俳句のように極めて短い著作物の一部を引用することは不可能なことが多いでしょう。また、写真の著作物の場合は、その一部の引用では引用の目的を達することが通常は困難と思われます。このような場合には全部の引用も可能でしょう。

⑤　公正な慣行に合致した引用であること（公正な慣行）

　たとえば、引用元を明記することが必要です（出所の明示）。著作物を見聞する人が、どの著作物から引用したのかを認識しやすいように、引用元を明記します。

⑥　著作物を改変しないこと（無改変）

　著作物を改変して引用することは、著作者の同一性保持権を侵害するおそれがあります。同一性保持権とは、著作者人格権のひとつであって、著作者の意に反して著作物を改変することを許さないとする権利です。したがって、引用の際には著作物を改変しないで、忠実に引用しなければなりません。

■ 著作物を引用するときのおもな注意事項 ……………………

注意事項

❶ 公表された他人の著作物を引用する必然性がある

❷ かぎ括弧をつけるなど、自分の著作物と引用部分とが区別されている

❸ 自分の著作物を主体とし、引用する他人の著作物との主従関係を明確にする

❹ 出所を明示して改変せずに引用する

※文化庁のホームページの記載を基に作成

ホームページにリンクを貼る行為が問題となる場合があるのでしょうか。

参照先がリンクを望まない場合や著作権者を誤認させる可能性という問題があります。

リンクは、ホームページ上でよく利用される便利な技術で、指定した場所をクリック（タップ）すると、他人の制作したホームページなどに遷移して、ブラウザなどに表示されるページを切り換えることができます。これは、複製や公衆送信と類似する効果や役割を果たすため、著作権法上の問題がないかという疑問が生まれるかもしれません。

しかし、リンクを貼る行為自体は、他のホームページを紹介しているだけです。リンク先のホームページ上のコンテンツを複製したり、それを公衆送信したりしているわけではないので、著作権侵害にあたらないとされています。

●リンクが問題となる場合

リンクに関しては、ホームページを公開している人の考え方と照らし合わせて、問題が生じる場合がある他、リンクの使い方によって著作権法上の問題が生じる場合もあります。

① リンク禁止とある場合

ホームページによっては、リンク禁止と明示している場合があります。この場合には、リンクを貼るのは避けるべきでしょう。

ただ、法的にどうかというのは別の話です。基本的には「不特定多数が自由に閲覧できるインターネット上に公開したのだから、リンクされたくないとの利益は保護に値しない」と考えられるでしょう。し

かし、「リンク禁止」とあるにもかかわらず、自分のホームページにリンクを貼ったことで、管理者に多大な精神的苦痛を与えたり、経済的損失が発生したりすれば、不法行為を理由に損害賠償を請求されることも考えられます。

② フレーム機能で他人のホームページを表示させる場合

フレーム機能を使うと、自分のホームページの一部のように他人のホームページを表示させることができます。この方法を使っても、表示された他人のホームページの複製や公衆送信をしたわけではないので、原則として複製権や公衆送信権の侵害にあたりません。

しかし、場合によっては著作権法上の問題が生じます。たとえば、他人のホームページへのリンクだと判別できないようにリンクを設置している場合です。つまり、自分が見ているホームページへのリンクだと思って閲覧者がクリックしたところ、表示された内容は他人のホームページであったような場合です。閲覧者が表示された内容もそのホームページ内のコンテンツだと誤解していることが問題となります。この場合は、リンク先のホームページの著作権者の複製権や公衆送信権を侵害していると判断される可能性があります。

■ リンクをめぐる問題点 ……………………………………………

①ホームページの管理者の許諾なくリンクができるか？

②トップページ以外のページへのリンク（ディープリンク）ができるか？

③画像ファイルなどへの直接のリンク（直リンク）ができるか？

④フレーム機能を使って他人のホームページへのリンクができるか？

➡ リンクを貼る行為自体は著作権侵害にあたらないのが原則。他人のホームページだと判別できないようなリンクの設置は著作権侵害のリスクあり（とくに③④の場合）。

広告宣伝メールをめぐる法規制について教えてください。

事前に受信を承諾した人にのみ広告宣伝メールを送信することができます。

　広告宣伝メールとは、営利を目的とする団体および営業を営む場合における個人である送信者が、自己または他人の営業につき広告または宣伝を行うための手段として送信する電子メールであり、特定電子メール法にいう「特定電子メール」のことです。

　広告宣伝メールに関しては、特定電子メール法に違反する広告宣伝メール（違法な広告宣伝メール）を送信した団体や個人に対して、厳格な規制を設けています。まず、違法な広告宣伝メールを送信していると判断された団体や個人に対して、総務大臣または消費者庁長官は、違法な広告宣伝メールの送信を改善するように命令（措置命令）を行います。

　措置命令により違法な広告宣伝メールが改善されればよいのですが、措置命令を出されたぐらいでは違法な広告宣伝メールの送信を改善するとは限りません。そこで、措置命令を出した事実は公表するという形をとっています。措置命令を受けた企業名の他、代表者氏名、違法な広告宣伝メールの具体的な内容に至るまで、比較的多くの情報が公表されてしまうため、団体や個人の信用が大きく低下するおそれがあります。そのため、違法な広告宣伝メールの送信を抑制する効果が期待されています。

●事前の同意は必要なのか

　広告宣伝メールを受信する側が、その送信を希望していないにもか

かわらず、広告宣伝メールが送信される場合については、特定電子メール法が厳格な規制を設けています。具体的には、事前に広告宣伝メールを受信することに同意した人にのみ、広告宣伝メールを送信することができるという規制を設けています。したがって、メルマガを送信する側は、受信する側に対して、事前にメルマガの受信の有無に関する確認をとる必要があります。

　事前の同意を得る方法に関しても、受信する側が広告宣伝メールが送信されることについて認識していなければなりません。たとえば、契約書の中にメールアドレスの記載を求める事項があり、これに記載したからといって、広告宣伝メールの送信を承諾したと判断することは許されません。また、契約書の中に「メールアドレスを契約書に記載した場合は、広告宣伝メールの受信に同意したものとみなします」という条項を入れておくだけで、事前の承諾があったと判断することも許されません。広告宣伝メールの受信に関して、受信する側が認識していないおそれがあるためです。

　したがって、広告宣伝メールの受信の有無について、チェックボックスなどで明確な意思を確認する方法で、承諾の意思を表明した人に対してのみ広告宣伝メールの送信ができます。

■ 広告宣伝メールをめぐる法的な規制 …………………………………

特定電子メール法に基づく規制
- 違法な広告宣伝メールの送信に対する改善命令（措置命令）
- 措置命令を受けた企業名・代表者名・違反事実などの公表（措置命令に従わない場合は罰則）
- 受信者に対して広告宣伝メールの受信の有無について事前に同意を得ておく
- 広告宣伝メールに記載するべき必要事項に関する規制（送信者の氏名・名称、配信停止を受け付けるメールアドレス・URL の表示など）

ハッキングにより受信者から損害賠償を請求された場合にはどうしたらよいのでしょうか。

自社のセキュリティ対策について、これを講じる注意義務が果たされていたかどうかが問題になります。

....

　ハッキング（クラッキング）とは、他人のコンピュータシステム（パソコンやスマートフォンなども含む）の中に不正な手段を使って侵入し、勝手にプログラムの改ざんを行ったり、データを盗み取ったりすることをいい、このような行為をする人のことをハッカー（クラッカー）といいます。ハッキングは、コンピュータシステムを構成しているプログラムの抜け穴（脆弱性）を探し出し、コンピュータウィルスなどを利用して行われます。インターネットに接続している限り、誰もがハッカーの標的になる可能性があります。しかし、コンピュータシステムをインターネットに接続させないで利用することは、かえってその利便性を大いに妨げることにもなります。そのため、インターネットに接続させつつ、安全にコンピュータシステムを利用するためには、セキュリティ対策をすることが欠かせない条件であるといえるでしょう。

●トラブルの責任は誰が負うのか

　たとえば、ある会社のコンピュータシステムがハッキングされ、その会社名義のコンピュータウイルス付きのメールが、顧客などに無断で送信されたというケースについて考えてみましょう。メールの受信者に損害（パソコンがコンピュータウイルスに感染したなど）が生じ

た場合、誰が責任を負うことになるでしょうか。

この場合、本来責任を負わなければならないのは、その会社名義の
メールを送信したハッカーです。ハッカーの行為はメールの受信者に
損害を負わせただけでなく、ハッキングされた会社の信用を失墜させ
ています。また、クレーム対応などでも損害を負わせるわけですから、
それぞれについて損害賠償請求ができます。さらに、ハッキングそれ
自体が不正アクセス禁止法に違反する「不正アクセス行為」にあたる
ため、受けた被害について刑事告訴をすることも可能です。

ただし、これらの対応はハッカーの正体を突き止めなければ難しい
のが現状です。管轄する警察署や警察のサイバー犯罪対策課に通報し、
受けた被害について状況を説明しましょう。

なお、メールを受信した被害者がハッキングされた会社に対して損
害賠償請求をしてきた場合、ハッカーのした行為だからといって、こ
れに応じなくてもよいわけではありません。不正アクセスを防止する措
置をまったく講じていなかった、パスワードを誰でも簡単に閲覧できる
場所に保管していたなど、セキュリティ対策を講じるべき注意義務を
怠っていたと認められる場合は、メール受信者に対する関係で不法行
為が成立し、損害賠償請求に応じなければならない可能性があります。

■ ハッキングのしくみ ……………………………………

損害賠償請求や刑事告訴などが考えられるが、
ハッカーの正体を突き止めなければ責任を追及することは難しい！

Question 10
通販会社のネット受注が当社管理のサーバの欠陥が理由で数日停止しました。当社はサーバを販売したB社への責任追及ができますか。

Answer 当社（以下「A社」といいます）は、通販会社に生じた損害の賠償請求には応じなければなりませんが、自社に生じた損害はB社に賠償請求をすることができます。

　　まず、通販会社の損害について責任を負うべきなのは、サーバの管理をしていたA社です。商品受注の管理という業務を行う契約を通販会社と締結したのはA社だからです。たとえ受注が数日停止した原因がサーバの欠陥というA社にとって防止困難なものであっても、業務を果たせなかったことは債務不履行と判断されるからです。

　　これに対し、A社は、欠陥のあるサーバを販売したB社に対し、その契約不適合を理由に、欠陥のないサーバとの交換の請求、購入代金の減額請求、損害賠償請求、契約を解除しての購入代金の返還請求などをすることができます（契約不適合責任）。

　　なお、A社がB社に契約不適合責任を追及できる期間は、サーバの引渡し時から10年間またはA社が契約不適合を知った時から5年間に制限される他、A社が契約不適合を知った時から1年以内にB社にそれを通知しないと、原則として契約不適合責任を追及できなくなります。また、法人間の契約は消費者契約法の適用対象外なので、サーバの販売契約の特約で「契約不適合責任を追及しない」とする特約があると、契約不適合責任の追及が困難になります。

クラウドサービスを利用する前提として情報セキュリティ対策をどのようにすればよいでしょうか。

サービスを提供する事業者、利用者ともに情報漏えいを防止する対策ができているかが重要です。

　クラウドサービスでは、サービスを提供する事業者がサーバにアプリケーションのシステムを構築し、利用者がインターネットを介してそれを利用します。クラウドサービスで最も重要なのは、情報セキュリティの確保です。とくに会社の個人情報や機密情報をクラウドサービスで管理する場合は注意が必要です。クラウドサービスは、大量な情報を管理する事業者にとって非常に便利なサービスですが、インターネットを介することに留意する必要があります。社内での情報管理の体制を構築すれば足りるのではなく、常にインターネットを通じた外部への情報漏えいの危険性に注視しなければなりません。

　また、利用者のサーバだけではなく、サービスを提供する事業者が管理・運用するデータセンターなどに利用者の情報が保管されるという特徴もあります。これは利用者にとって情報の管理・運営に関する負担が軽減されるというメリットがある一方で、利用者の情報管理が事業者側の情報セキュリティ対策に大きく依存せざるを得なくなるので、事業者側の情報管理の体制に注視していく必要があります。

●利用者が積極的に取り組むべき対策

　情報漏えいによる社会的な信用の失墜は避けることができません。そこで、情報漏えいのリスクを考え、クラウドサービスで管理する情報と、

自社内で管理する情報を分ける必要が生じる場合もあります。個人情報や機密情報をクラウドサービスで管理する場合は、利用者にも情報セキュリティや情報漏えいのリスクについての知識が必要になります。

　また、サービスを提供する事業者が管理・運用するデータセンターなどから情報が外部に漏えいした可能性がある場合に、漏えいした情報をどのように特定するのかも事前に確認しておきましょう。

　情報セキュリティの対策は、サービスを提供する事業者だけでなく利用者にも必要になります。とくにクラウドサービスにアクセスするためのIDとパスワードの管理を徹底する必要があります。自社のパソコンがコンピュータウイルスに感染したり、不正アクセスを受けたりすることで、IDやパスワードが漏えいすることがないよう、ウイルス対策ソフトの導入や、業務以外のパソコンの使用に制限を設ける必要があるでしょう。

　情報セキュリティの対策において、個人情報保護法などの法律の規定を遵守することは、必ずしも難しいことではありません。しかし、実際に情報漏えいを起こさない体制を作るのは難しいことです。「法律の規定に沿ったシステムを構築しているから大丈夫」ということで安心せず、情報漏えいを防止するための対策について事前に知っておく必要があるのです。

■ クラウドサービス利用の注意点 ……………………………………

| クラウドサービス |
| 【注意点】 ↓ |
| 情報セキュリティ |

メリット { 利用料が安い　手間が省ける
速度の快適性

①インターネットを利用している
⇒インターネットを通じた外部への情報漏えいの危険性がある
②サービスを提供する事業者が利用者の情報を管理・運用する
⇒利用者は事業者側の情報セキュリティ対策に依存せざるをえない
∴利用者は情報セキュリティや情報漏えいのリスクに関する知識が必要

クラウドサービスを事業に利用する場合にはどんなトラブルが発生する可能性があるのでしょうか。

サービスを提供する事業者の管理体制のあり方が利用者の事業運営に影響を与えます。

　クラウドサービスでは、利用者は幅広い用途においてサービスを活用できますが、事業者のシステムに障害などのトラブルが生じた場合、利用者は大きな損害を受ける可能性があります。とくにクラウドサービスを事業に利用する場合は、損害もより大きくなります。

① 個人情報の外部への漏えい

　たとえば、顧客から預かった個人情報が漏えいした場合、それがサービスを提供する事業者の落ち度によるものだとしても、企業は被害を受けた顧客からの損害賠償請求に応じなければなりません。その代わり、自社が支払った賠償金を事業者側に求償することができます。

　なお、個人情報をクラウドサービスで管理することが、個人情報の管理の委託に該当するのであれば、企業には個人情報保護法における委託先の監督責任が生じます。

② システムの不具合によるサービスの停止

　会社の業務システムにクラウドサービスを利用していた場合は、システムの障害などにより、事実上、業務が止まるおそれがあります。顧客との受発注ができなくなれば、営業上の損害が出る可能性があります。通常は、契約において障害などが発生した場合の取決めがなされていますが、障害などによる長時間のシステムの停止に対して、利用者は、契約上の債務不履行（または不法行為）による損害賠償請求

ができるでしょう。

③　事業者側のミスによる情報の消失

　サービスを提供する事業者のミスが原因で、運用・管理する利用者の情報が消失した場合、それは事業者側の債務不履行にあたります。この場合、事業者が賠償しなければならない損害賠償額は、消失した情報の財産的（経済的）な価値に基づいて判断されます。

　クラウドサービスに基づくトラブルを防止するためには、情報管理体制をサービスを提供する事業者に一任せず、利用者と事業者側が連携した情報管理体制を構築することが重要です。とくにトラブルが発生した場合に、利用者への報告・連絡・相談が適切に行われる体制を整備することが必要です。また、事業者側に落ち度がないシステム障害などの際、事業者側は、早急にシステムの復旧にあたる一方で、利用者は、情報のバックアップを可能な限りで取ることや、情報の漏えいや流出の拡大を防ぐための措置を速やかに講じるなど、役割分担を明確にしておくことが重要になります。

■ クラウドサービスで起こり得るトラブル ………………………

┌─ **①個人情報の外部漏えい**

　顧客情報の漏えいにより顧客から損害賠償請求を受けるリスク

├─ **②システムの不具合によるサービスの停止**

　顧客との間で受注・発注ができなくなるおそれがある
　　★利用者は契約上の債務不履行（または不法行為）としてサービスを
　　　提供する事業者に対して損害賠償請求が可能

└─ **③事業者側のミスによる情報の消失**

　事業者側のミスによるデータの消失等
　　★利用者は事業者に対して、データの財産的価値の損害や
　　　「無形の損害」を受けたとして、損害賠償請求が可能

写真や動画の撮影行為が他者の権利を侵害する場合について教えてください。

撮影にあたっては他者の権利を侵害しないように注意すべきです。

　たとえば、社内の飲み会で悪ふざけをしている写真を撮影し、それをインターネット上に公開した場合、労働者（従業員）が品位にもとる行動をしているということで、会社の社会的な信用を低下させ、取引先から取引を断られたり、売上が減ったりするなどの損害が発生するかもしれません。

　労働者には、使用者（会社）の正当な利益を不当に侵害しないように配慮する義務（誠実義務）があり、使用者の信用や名誉を傷つける行為などをしないことが求められます。飲み会で悪ふざけをする行為は、会社の信用や名誉を傷つけるおそれが高いため、労働者の誠実義務に違反する行為といえます。労働者が誠実義務に違反したために、会社の売上が低下するといった損害が発生した場合、使用者は労働者に対して損害賠償請求ができます。

●知らない間に店舗を撮影され、それが掲載された場合

　飲食店や百貨店などの店舗の管理者（店長など）には、店舗の秩序を維持するために、秩序を乱す行為を禁止し、場合によっては店から退去するように命じることができる施設管理権があります。この施設管理権に基づき、店舗内のお客さんに対して写真や動画の撮影を禁止することができます。

　ただ、知らない間に写真や動画が撮影されてインターネット上に公開

されていた場合に、その削除を請求できるかどうかは別問題です。店舗内の写真や動画が掲載されても、必ずしもその秩序が乱されるという関係にはないためです。しかし、店舗内の防犯に関わる部分が公開されている場合は、店舗内の写真や動画の掲載によって、その秩序が乱されるおそれが高いので、削除請求が可能といえるでしょう。また、従業員やお客さんの顔がはっきり判別できる写真や動画は、肖像権侵害を理由に削除請求ができるものの、この場合の削除請求は本人しかできません。

●商品の写真が撮影され、それが掲載された場合

　商品の写真も構図やライティングなどに撮影する人の創作性が発揮されるので、一般的には写真の著作物にあたり、著作権が発生することから、その写真を誰が撮影したのかがポイントになります。自分で撮影した写真の著作権は自分にありますが、メーカーのホームページやカタログに掲載された写真は、著作権が他人（カメラマンやメーカーなど）にあるので、無断使用は著作権侵害となります。次に、商品に使用されているイラストの問題があります。一般的にイラストは美術の著作物にあたるので、イラストをクローズアップさせた写真を撮影し、投稿するのは著作権侵害になるといえます。

■ 写真や動画の撮影が問題となるケースと対策 ・・・・・・・・・・・・・・・・・

1 社内の飲み会での悪ふざけ写真を撮影してインターネット上に公開した	会社の信用や名誉を傷つけるおそれが高いため、会社の売上低下などの損害が発生した場合、使用者は労働者に誠実義務違反を理由に損害賠償請求ができる。
2 知らない間に店舗内の写真や動画が撮影された	施設管理権に基づき、お客さんに対して写真や動画の撮影を禁止することができる。インターネット上に公開されている場合は削除請求も可能な場合あり。
3 商品の写真が撮影された場合	他人が撮影した商品の写真や、商品に使用されているイラストをクローズアップして撮影した写真を無断で使用すると著作権侵害にあたり、削除請求や損害賠償請求ができる。

ネット上への動画投稿が著作権侵害にあたる場合について教えてください。

他人の肖像権や著作権などを侵害しないよう注意する必要があります。

　最近では動画投稿サイトが広く普及しており、写真だけではなく、動画をインターネット上に投稿することも、容易に行うことができるようになりました。そのため、動画投稿サイトへの投稿に関してのトラブルが非常に増えています。

　たとえば、仕事中に撮影した動画に社内の従業員、取引先、顧客などの人物が映っている場合、それらの人物に無断で動画を公開することは肖像権の侵害になります。また、動画の内容によっては名誉毀損になる場合もあります。また、動画には社内外の機密情報が含まれている可能性があります。そのような情報が映っている動画を公開することは、会社の信用や名誉を損なう行為になります。その他、従業員は就業規則を守ることを求められており、機密情報の漏えいは就業規則違反にもなるでしょう。

● YouTubeなどの動画投稿サイトへの動画投稿

　動画投稿サイトに投稿する場合、投稿する動画の内容によっては著作権法に違反します。たとえば、映画や音楽のミュージックビデオなどの著作物を著作権者や著作隣接権者の許諾を得ないで投稿することは、著作権法違反になります。録画したテレビ番組を動画投稿サイトに投稿する場合も同様です。

　しかし、現実には、動画投稿サイトからこうした動画が削除されて

いない場合があります。その理由は、単に投稿される動画の数が多すぎてチェックする側が追いついていない場合や、権利者があえて著作権法違反を主張していない場合が多いようです。削除されていないから著作権法に違反していないわけではないのです。

●楽曲の演奏を投稿すると著作権侵害となるか

　動画投稿サイトで多く見かける日本国内で公表された楽曲を自分で演奏した動画の投稿や、DTM・ボーカロイドなどによってコンピュータ上で再現した音楽を投稿する場合、その動画が著作権侵害になるかが問題になります。このような動画は、投稿先がJASRACとの間で許諾契約（包括契約）を結んでいるサイトかどうかで扱いが異なります。簡単にいうと、許諾契約にはJASRACが管理する楽曲を演奏した動画は投稿してよいという約束があるわけです。

　ただ、JASRACが管理していない楽曲は対象外であり、管理している楽曲であっても著作隣接権者が権利を有する音楽CDをそのままコピーして投稿する場合などは、著作隣接権者の許諾が別途必要です。

■ 動画投稿におけるおもな注意点 ……………………………………

┌─ ①従業員・取引先・顧客などの人物が映った動画の投稿

　　　⇒ 無断で公開すると肖像権の侵害・名誉毀損のおそれ
　　　　★損害賠償責任を負う可能性がある

├─ ②社内外の機密情報が映っている動画の投稿

　　　⇒ 会社の名誉・信用を損なうおそれ
　　　　★会社から責任を追及される可能性がある

├─ ③他人の著作権や著作隣接権を侵害する動画の投稿

　　　⇒ 映画・音楽・ビデオクリップを公開する場合に注意が必要

└─ ④楽曲の演奏（DTM・ボーカロイドなどによる）

　　　⇒ JASRACなどとの許諾契約の有無により異なる
　　　　★許諾契約がない場合は著作権法違反になるのが原則

投稿された動画や写真の利用方法や削除請求の仕方について教えてください。

投稿された動画や写真についてプライバシーや肖像権の侵害があるときは削除請求を検討しましょう。

インターネット上に投稿されている写真や動画（適法に投稿されたものに限ります）をパソコンやスマートフォンなどにダウンロードして、個人的に楽しむために閲覧する場合は私的使用の範囲内なので、著作権法上の問題は生じません。

問題はブログやSNSなどへの転載です。他人が作成した写真や動画を、著作権者に無断でブログやSNSに転載することは、著作権者の著作権（おもに複製権や公衆送信権）を侵害するので、著作権法に違反します。そして、著作権法違反のうち著作権侵害については「10年以下の懲役または1000万円以下の罰金」（両者が併科される場合もあります）という重い罰則が規定されています。

ブログやSNSへの投稿の際に写真や動画を利用するときは十分に注意が必要です。もっとも、投稿者（著作権者）が「画像や動画の利用は自由です」としている場合は、許諾を得なくても自由に利用することができます。また、動画投稿サイトに投稿された動画の場合には、その動画へリンクするHTMLコードと呼ばれるものをブログやSNSに埋め込む形で、その動画を利用することができる場合があります。

●削除を請求する方法

インターネット上に顔・名前・住所・電話番号など、個人を特定す

る情報を含んだ動画や写真が無断で投稿されている場合、プライバシーや肖像権の侵害が問題になります。この場合、動画や写真の削除請求ができます。削除依頼の方法はサイトによって異なります。たとえば、YouTubeの場合は、個々の動画から専用のフォームにアクセスすることができ、所定の事項を選択・記入して削除請求ができるようになっています。その他のサイトやブログ・SNSの場合は、削除を依頼する専用のフォームがないことが多いので、まず作成者の連絡先を探し、削除請求をします。連絡先がわからないときは、サイト管理者やブログ・SNSのサービス提供者の連絡先を探して削除請求をします。この場合、通常の問合せフォームを利用して請求する方法や、直接メールまたは郵便で請求する方法があります。

　削除請求をする際に記載する事項は、氏名、連絡先、削除請求をする写真や動画のURL、問題の個所・内容です。あわせて自分の個人情報を投稿者に伝えないように求めておきます。それでも連絡がとれない、もしくは削除されない場合には、サイト管理者やサービス提供者に対して、プロバイダ責任制限法に基づき発信者情報開示請求をすることが考えられます。

■ 削除申請の手続き ……………………………………………………

（例）YouTube の投稿による著作権侵害

●削除を依頼する専用フォームがないとき
1　投稿者の連絡先を探し、削除請求をする
2　投稿者の連絡先がわからないときには、サイト管理者や
　　サービス提供者の連絡先を探し、削除請求をする。

著作隣接権とはどのような権利なのでしょうか。

著作者以外で著作物の価値を高めた人の権利を保護する制度です。

著作者以外にも、その周辺で著作物の価値を高めることに貢献する人たちがいます。著作権法はそのような人々にも一定の保護を与えています。

著作物を生み出した者には、生み出した時点で著作権が与えられます。著作物は人間の創作による知的財産として、法的に保護するだけの価値が認められるからです。

ただ、著作物は、一般には著作者の手だけによって世の中に出されるわけではありません。たとえば、シンガーソングライターが制作した楽曲は、コンサート会場で自ら歌うだけでなく、レコード会社によってCD化されたり、有線放送で流されたりして、世の中に広められます。また、同じ演劇の脚本であっても、異なる演出家や俳優が手がけると、その出来栄えもかなり違ったものになってきます。

このように、著作物を世の中に広めるにあたって、その著作物の周囲にあって活動する者（人間や会社などの法人）を無視することはできません。彼らの活動によって、その著作物の価値が一層高められ、文化の発展にも貢献するからです。そして、これらの創作に準じるような活動に対して認められた権利が著作隣接権です。

著作権法は、著作権とは別に著作隣接権について規定し、一定の法的保護を与えています。

●**著作権と著作隣接権は別個独立の権利である**

　著作権法上、著作権と著作隣接権は別個独立の権利として扱われています。そのため、１つの著作物について著作権と著作隣接権が別々の者に帰属している場合に、第三者がそれを利用するときは、著作権者と著作隣接権者の双方から許諾を得ることが必要になります。

　たとえば、シンガーソングライターＡが作詞・作曲して歌った曲をレコード会社ＢがＣＤ化している場合、そのＣＤをコピー（複製）するためには、ＡとＢの双方の許諾が必要になるのです。

●**著作隣接権にはさまざまな種類がある**

　現代社会では、著作物をさまざまな手法で世の中に伝達することができます。また、文化の発展に伴い、新たに創作を加えて、元の著作物により一層の価値を加えることも可能になってきました。そのため、著作隣接権といっても、さまざまなものが認められています。具体的には、以下のものがあります。

① 　実演家の権利

　俳優、舞踏家、演奏家、歌手、落語家、指揮者などの実演家に認められる権利です。譲渡権、貸与権、録音・録画権、放送・有線放送権、送信可能化権、放送の二次使用料を受け取る権利、貸レコードについて報酬を受ける権利が認められています。

② 　ＣＤ製作者の権利

　現実的には、レコード会社の権利だと思えばよいでしょう。ＣＤ製作者には、複製権、譲渡権、貸与権、送信可能化権、放送の二次使用料を受け取る権利、貸レコードについて報酬を受ける権利が認められています。前述したＣＤのコピーについて、レコード会社の許諾が必要とされるのは、ＣＤ製作者が著作隣接権としての複製権を持っているからです。

③ 　放送事業者の権利

　テレビやラジオの放送局がもつ権利です。複製権、放送権、再放送

権、送信可能化権、テレビジョン放送の伝達権が認められています。

④　有線放送事業者の権利

　ケーブルテレビ事業者や音楽有線放送事業者などの権利です。複製権、有線放送権、再有線放送権、送信可能化権、有線テレビジョン放送の伝達権が認められています。

●著作隣接権はいつ発生していつ消滅するのか

　著作権の取得に特別な手続が不要であるのと同様、著作隣接権の取得にも手続は必要ありません。実演、録音・録画（固定）、放送、有線放送といった行為をした時点で自動的に発生します。

　そして、これらの行為があった時から70年の保護期間を経過すると消滅します。なお、著作権の場合と同じく、保護期間の計算は翌年の１月１日から起算します。

　また、著作隣接権を侵害する行為があった場合、著作隣接権者は侵害者に対して、①侵害行為の差止請求、②損害賠償請求（侵害行為によって損害が発生した場合）、③刑事告訴（侵害行為をわざと行った場合）をすることができます。

■ 著作隣接権のしくみ ……………………………………………

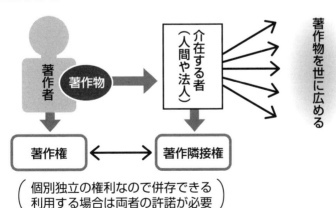

 著作権フリーの著作物を利用する場合の注意点について教えてください。

 著作権が完全にフリーという場合は少ないので、どのような利用方法が自由に行えるのかを確認しましょう。

　著作権フリーになる（著作権者の許諾を得なくても著作物を利用できる）状況としては、著作者の死後70年が経過したなど保護期間が満了している場合の他、著作権者が著作権を放棄した場合が考えられます。著作権を放棄する理由としては、「自分の著作物を広く一般の人に利用してもらうことで、自分の考えや思いが広がってほしい」「著作物を気軽に楽しんで利用してもらいたい」などといったことがあるようです。著作権フリーの有名なサイトとしては、百科事典「ウィキペディア」などがあります。

　その他、完全な著作権フリーではなくても、その一部が著作物として扱われず、著作権もないというものもあります。たとえば、百科事典や国語辞典の各項目のうち、言葉の定義や用法といったことをありふれた言葉で解説している部分は、著作物として扱われない可能性が高いといえるでしょう。

　著作権フリーのサイトで公開されている著作物は、基本的に利用者が自由に複製や公衆送信などができます。たとえば、公開されているイラストを自身のホームページに挿入することや、公開されている用語の解説をブログに転載することも、著作権者の許諾を得ずに行ってよいというわけです。

ただし、著作権フリーといっても、著作権が完全に放棄されているとは限りません。「改変は禁止する」「出典を明記する」などの条件つきも多いですから、サイトにある利用規約をよく確認しましょう。

●表示する方法はあるのか

　自身が作成したサイトの内容を著作権フリーとして閲覧者に公開したいと考えた場合、完全に著作権フリーのサイトにするのであれば、「本サイトで公開する著作物の著作権をすべて放棄します」という一文を記載すればよいでしょう。しかし、「営利目的には使われたくない」「勝手に改変されるのは困る」など、一定の制限を設けたい場合には、そのことを記載した利用規約を作成して提示する必要があります。

　ただ、あまりに長い利用規約を作成すると、閲覧者にその意図が正確に伝わらないことも考えられます。この場合は、文化庁が提供している「自由利用マーク」を使用するというのも一つの方法でしょう。自由利用マークには、①コピー OK、②障害者OK、③学校教育OKの３種類があります。これらのマークを利用すると、一目でその制限の内容を伝えつつ、ある程度自由に著作物を使ってもらうという目的を果たすことができます。

■ 著作権フリーのサイトを利用する場合のチェックポイント …

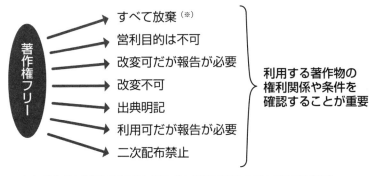

（※）著作者人格権は放棄不可（著作者人格権を行使しないとする場合あり）

有償著作物をパソコンやスマートフォンなどにダウンロードすると著作権や著作隣接権の侵害となるのでしょうか。

侵害の事実を知りながらダウンロードする行為は、私的使用目的でも著作権法違反になるのが原則です。

ネット上に公開された著作権や著作隣接権を侵害する著作物のファイルについて、著作権法は、私的使用目的であっても、侵害の事実を知りながらダウンロードする行為（違法ダウンロード）を禁じています。令和3年1月以降は、すべての著作物にあたるファイルの違法ダウンロードが著作権や著作隣接権の侵害となっています。したがって、ファイルがCDもしくは配信などで提供されている音楽の海賊版（違法コピー）であり、その事実を知りながら自分のパソコンやスマートフォンなどにダウンロードする行為は、著作権や著作隣接権の侵害となります。

ただし、YouTubeなどのストリーミングによって著作権や著作隣接権を侵害する音楽や映像などを視聴したにとどまる場合や、海賊版の漫画の数ページ分（作品の一部分）など、違法の程度が軽微なダウンロードは著作権や著作隣接権の侵害にあたらないとされています。

●リーチサイトについての規制

リーチサイト・リーチアプリとは、侵害コンテンツ自体は置いていないが利用者を侵害コンテンツへことさらに誘導する、または違法リンクを多数掲載して主として侵害コンテンツの利用のために用いられるWebサイトやアプリです。

このようなリーチサイトの運営やリーチアプリの提供は、リンク先が侵害コンテンツであることに故意や過失があり、リンク情報を削除できるにもかかわらず放置していると、侵害とみなされて差止請求などの対象となります。そして、故意がある場合は刑事罰の対象にもなり、5年以下の懲役または500万円以下の罰金となります（双方が併科される場合もあります）。

　注意したいのは、リーチサイトを運営などする行為だけでなく、リーチサイトに投稿したりしてリンク情報を提供する行為もリンク先が侵害コンテンツであることに故意や過失があれば侵害とみなされる点です。故意がある場合は刑事罰の対象にもなり、3年以下の懲役または300万円以下の罰金となります（双方が併科される場合もあります）。

　ただし、リンク情報の提供先がリーチサイトなどではなく一般的なSNSやブログなどである場合は基本的に侵害とはみなされません。しかし、その場合でも侵害コンテンツの送信行為の幇助にあたると評価されることもありますので注意しましょう。たとえば、侵害コンテンツのURLをそのまま掲載する場合だけでなく、そのURLの一部を記号などに置き換えたものを掲載するような場合も含まれます。また、提供したリンク情報の対象であるサイトが侵害コンテンツをダウンロードさせるためのものだけでなく、侵害コンテンツをストリーミング配信するためのものも含まれます。

■ 著作権法違反のデジタルデータはダウンロードもNG…………

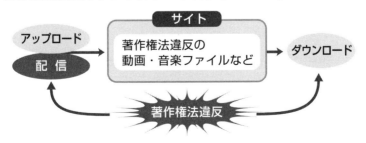

お店でTV番組やBGMを流す行為は著作権侵害なのでしょうか。

購入した音楽CDをそのまま再生するか、それを複製したものを再生するかで変わります。

会社の食堂や病院の待合室などに行くと、テレビ番組をお客や患者が視聴できるようにしている場合があります。テレビ番組は、著作権法では「映画の著作物」にあたり、これを公衆送信する権利(放送も公衆送信に含まれます)は著作権者が持っています。したがって、場合によっては著作権侵害の問題が生じるおそれがあるのです。

・放送中のものを見せる場合

現在放送されている番組を、受信装置を用いて観衆に見せることは、「営利を目的としない」「聴衆または観衆から料金を受けない」範囲において、著作権者の許諾を得なくても行うことができます。

さらに、通常の家庭用受信装置(家庭用テレビ)を用いてこれを行う場合は、たとえ営利目的であったとしても著作権者の許諾を得る必要はありません(著作権法38条3項)。たとえば、食堂や家電量販店などが、お客を呼び込むことを目的として、家庭用テレビで放送中のテレビ番組を流していても、著作権法上は問題ないということです。

・録画したものを見せる場合

同じく食堂でテレビを用いてテレビ番組を流す場合であっても、それがハードディスクやDVDなどに録画したものである場合は、著作権法上の問題が生じます。食堂など不特定多数の人に見せることを目的としている時点で、私的使用目的の範囲を超えるので複製自体が著

作権侵害にあたります。さらに、著作権法38条３項で認められているのは、放送される著作物を公に伝達する行為であり、番組を上映する権利が認められたわけではないので、録画したテレビ番組を著作権者の許諾なく食堂などで流すことは、著作権侵害にあたります。

●BGMを流す行為について

　BGMを流す場合、著作権だけが問題となる場合と、著作権と著作隣接権が問題となる場合があります。

　著作権だけが問題となるのは、購入した音楽CDをCDプレイヤーなどでそのまま再生する場合です。音楽CDを公衆の前で再生すると、著作権法上はその音楽を演奏したことになります。演奏権は著作権者が持っている権利ですから、購入した音楽CDをそのまま再生する場合には、著作権者の許諾を得なければなりません。しかし、著作隣接権者は演奏権を持っていませんので、購入した音楽CDをそのまま再生する限り、著作隣接権者の許諾を得る必要はありません。

　これに対し、著作権と著作隣接権が問題となるのは、購入した音楽CDを複製したものを再生する場合です。この行為は、著作権者の複製権と演奏権、著作隣接権者である演奏家の録音権（音楽CDの複製は録音にもあたります）、著作隣接権者であるCD製作者（レコード会社）の複製権の侵害にあたります。侵害にあたらないようにするには、これらの者から許諾を得なければなりません。

・音楽の著作権処理はJASRACの手続きで行う方法もある

　著作物が音楽である場合、たいていは著作権者がJASRAC（一般社団法人日本音楽著作権協会）に対して著作権の管理を委託しています。JASRACはホームページ上（https://www.jasrac.or.jp/）で音楽の著作物の利用許諾の手続きについて説明しています。

　ホームページからJASRACが管理している音楽の検索や、利用許諾の申込書のダウンロードなどもできます。JASRACが管理している音楽については、JASRACのホームページを参照して手続きを行うとよ

いでしょう。しかし、JASRACの手続きで得られるのは著作権者の許諾だけです。著作隣接権者の許諾は別に取得する必要があります。

したがって、音楽CDをそのまま再生する場合は、JASRACの許諾だけで行うことができます。音楽CDを複製したものを再生する場合は、JASRACの許諾に加えて、著作隣接権者の許諾を得なければなりません。

●クラシック音楽ならば著作権フリーなのか

著作権は著作者が死亡してから70年後に消滅します。こうしたことから、クラシック音楽には著作権の制限がないと思われることが多いようです。実際に、クラシック音楽の場合、その多くは作曲者の没後70年を経過しているからです。

したがって、クラシック音楽の譜面をもとに演奏する場合、通常は著作権者の許諾が不要です。しかし、だからと言って、クラシック音楽が収録されたCDについて著作権法上の権利がないわけではありません。前述したように、音楽CDには著作権以外に著作隣接権も関係してくるからです。

たとえば、クラシック音楽のCDを複製したものをお店のBGMとして流そうと考えた場合、著作権者の許諾は不要だとしても、著作隣接権を有する演奏家やCD製作者の許諾を得なければなりません。このように、著作権が消滅しているクラシック音楽が収録されたCDをかける場合、演奏家やCD製作者の許諾を得なければならない場合があります。

なお、クラシック音楽であっても、新たに編曲が加えられているものである場合には、その編曲について編曲者を著作者とする著作権が発生しています。この場合には、編曲者の死後70年を経過していない限り、編曲に関する著作権者の許諾を得ずに、お店のBGMとしてCDを流すと、著作権侵害となることに注意が必要です。

顧客情報のセキュリティ管理や対策について教えてください。

プライバシーポリシーを策定し、情報漏えいの危険性に備えましょう。

　顧客情報には、氏名、性別、年齢、住所、メールアドレス、電話番号、クレジットカード番号などがあります。これらはいずれも重要な個人に関する情報なので、少しでも外部に漏えいすれば、どんなに良い商品を安く提供していても、ネットショップの信用が失墜して商売の継続が困難になりかねません。さらに、漏えいした顧客情報が悪意のある他人に渡り、犯罪などに利用された場合、ネットショップの運営者は、被害者に対して多額の賠償金を支払うことになります。

　お客様との取引が完了したら顧客情報を消去すればよいというわけにはいきません。後からお客様からクレームや問い合わせがあった場合に、顧客情報がないと対応できないという問題が起こるからです。したがって、顧客情報の漏えいを防ぐためのセキュリティ管理は、ネットショップの運営者にとって非常に重要な課題だといえます。

●顧客情報の管理のためのルール

　情報漏えいを完全に防ぐことは困難といわれています。情報漏えいには、不正アクセスやコンピュータウイルスへの感染など外部の悪意ある人間による場合もあれば、従業員の操作ミスによる漏えいや悪意による持ち出しなどの場合もあり、すべてのケースに完璧に対応することは不可能に近いからです。したがって、情報漏えいを防ぐには、それが起こる可能性を少しでも軽減する対策を講じるというスタンス

が現実的です。

　その上で、顧客情報の管理・保護のためのルールを決め、事業者側（ネットショップ）の方針として明確にします。この方針をプライバシーポリシーといいます。プライバシーポリシーの設置場所について明確な決まりはありませんが、閲覧者の目につきやすいWebサイト上のトップメニューやサイドメニューに加えて、個人情報を取得する会員登録画面などにも設置することが望ましいと考えられます。具体的には、まずはセキュリティ対策についての基準や実施手順を定めます。それらをふまえた上で、顧客情報の収集、処理、保存方法について方針として表明します。

●セキュリティ対策にはどのようなものがあるか

　具体的なセキュリティ対策として、以下のものがあります。

・顧客情報に触れることのできる従業員を制限する

・顧客情報を外部に持ち出すことを禁止する

・顧客情報を保存しているサーバにアクセスできるIPアドレスの制限、顧客情報の暗号化

・コンピュータウイルスに感染した場合の緊急対応の方法（ネットワークの切断方法など）

・顧客情報が漏えいした場合の対処方法（漏えい先へのデータ削除の依頼、顧客への告知、問い合わせ窓口の開設など）

■ プライバシーポリシーの役割 ……………………………………………

事業者側
- 組織的な情報漏えい対策
- 人的管理基準が明確になる
- 法的義務を果たせる

⟷

顧客側
- 警戒心や不安が緩和される
- 個人情報がどのように取り扱われるかを把握できる
- 問い合わせ先・方法が明確になる

個人の検索履歴と情報収集の方法について教えてください。利用者は情報収集を拒否することもできるのでしょうか。

検索履歴などの情報収集それ自体は違法ではありませんが、事業者に情報収集・利用の停止を請求できます。

ネットで、あるジャンルを続けて検索したら、後から検索していたジャンルに関連した広告ばかりが表示されるようになった、という経験はないでしょうか。検索サービス提供事業者は、利用者の検索キーワードだけでなく、検索履歴やサイト閲覧履歴を検索結果の表示に反映させています。また、検索キーワードと、広告のクリック履歴、商品の購入履歴、他のサイトの閲覧履歴などをもとに、個人の興味や関心に連動して広告表示を行っています（行動ターゲティング広告）。

個人の検索履歴などの情報を収集するにあたっては、Cookie（クッキー）というサイトを閲覧したときに一時的に作成・保存される機能が利用されています。しかし、Cookieを用いて行われる情報収集は、IPアドレスやIDと結びつけられているだけで、その情報単体では利用者の氏名や住所などの個人情報を特定できません。したがって、このような情報収集は、原則として個人情報保護法やプライバシー保護の対象にならず、検索履歴などについて情報収集すること自体は違法とはなりません。

●業界団体による自主的なガイドラインの策定へ

利用者にとっては、個人を特定して広告を行っているように見え、誰がどのように利用しているのかわからず、不安感があるといえます。

また、個人を識別する情報と結びつくと、その情報が個人情報になって個人情報保護法の規制が及ぶ他、プライバシー侵害の問題も生じかねません。そこで、総務省の設置した研究会では、行動ターゲティング広告を行う事業者は、利用者に配慮した対策をとることが望ましいとして、自主的なガイドラインの策定を提言しています。

　業界団体の日本インタラクティブ広告協会（JIAA）では、行動ターゲティング広告ガイドラインを策定し、情報収集する項目や利用目的を利用者が知り得る状態にすること、情報の収集や利用の可否を利用者が選択できるようにすること、などを定めています。

●情報収集を拒否したい場合

　利用者が、自分の検索履歴や商品の購入履歴、サイト閲覧履歴などの情報を収集してほしくない、広告に利用してほしくない、と考えた場合には、検索サービス提供事業者が定めている情報収集や利用を拒否する手続きをとることになります。

　また、行動ターゲティング広告が利用しているCookieの動作を停止してしまえば、広告の対象外となり、情報の収集や利用がなされなくなります。

■ 行動ターゲティング広告のしくみ ……………………………………

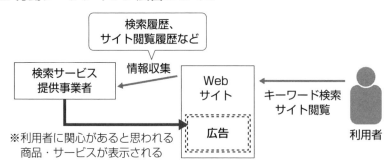

個人情報保護法はどんな法律なのでしょうか。

個人情報の取扱いについての基本的なルールを定めています。

　個人情報保護法は、個人情報の適正な取扱いの基本を提示することで、個人情報の利活用と個人の権利利益の保護を調整するための法律です。個人情報保護法における個人情報は、①または②のどちらかに該当するものを指します。①②ともに死者に関する情報は個人情報には含まれません。

①　1号個人情報

　生存する個人に関する情報で、特定の個人を識別できるもの（他の情報と容易に照合できて特定の個人を識別できるものを含みます）です。ここで「特定の個人を識別できるもの」には、氏名、生年月日をはじめ、勤務先、役職、財産状況、身体的特徴などのさまざまな情報が含まれます。

②　2号個人情報

　生存する個人に関する情報で、個人識別符号が含まれるものです。ここで「個人識別符号」には、ⓐ顔・指紋・DNA配列・虹彩などの身体的特徴をデジタル化した生体認識情報、ⓑ個人ごとに異なるよう定められた番号・文字などの符号で特定の個人を識別できるものが含まれます。

●個人データ・保有個人データとは何か

　個人情報保護法は、個人情報の中に「個人データ」「保有個人デー

タ」の区分を定めています（下図参照）。

　個人データとは、個人情報データベース等を構成する個々の個人情報です。個人情報を含めたさまざまな情報を容易に検索できるような形に構成したものを個人情報データベース等といい、個人情報データベース等に記載（記録）されている個人情報が個人データに該当します。

　保有個人データとは、個人情報取扱事業者が、開示、内容の訂正・追加・削除、利用停止、消去、第三者提供の停止を行うことのできる権限を有する個人データを指します。

●要配慮個人情報とは何か

　要配慮個人情報（センシティブ情報）とは、人種・信条・病歴・犯罪歴（前科）・犯罪被害歴など、取扱いにとくに配慮を要する個人情報です。要配慮個人情報は取扱いを誤ると、本人に不当な差別や偏見が生じるおそれがあるため、その取得には、原則として本人の同意が必要であり、本人の同意を得ずに第三者に提供することも原則として禁止されています。

■ 個人情報に関連する用語の定義 ……………………………………

個　人　情　報

①生存する個人に関する情報で、特定の個人を識別できるもの（他の情報と容易に照合できて特定の個人を識別できるものを含む）

②生存する個人に関する情報で、個人識別符号が含まれるもの
（①②の中で、人種・信条・社会的身分・病歴・前科・犯罪被害歴など、本人に対する不当な差別・偏見などの不利益が生じないようにその取扱いにとくに配慮を要するものを「要配慮個人情報」という）

個　人　デ　ー　タ

個人情報データベース等を構成する個々の個人情報

保　有　個　人　デ　ー　タ

個人情報取扱業者が、開示、内容の訂正・追加・削除、利用停止、消去、第三者提供の停止を行える権限をもつ個人データ

匿名加工情報について教えてください。

特定の個人を識別できないように加工した個人に関する情報のことです。

匿名加工情報とは、特定の個人を識別できないように個人情報を加工（匿名加工）して得られた個人に関する情報で、当該個人情報を復元できないようにしたものです。匿名化した情報をビッグデータとして自社で活用したり、第三者に提供して利益を得たりして、積極的に利活用したいというビジネスニーズに対応することを意図しています。

●加工や第三者提供に本人の同意は不要である

保有する個人情報に匿名加工を行う際に、本人の同意を得る必要はないので、目的に合わせて自由に匿名加工を行うことができます。さらに、匿名加工情報の第三者への提供時や第三者からの受領時も本人の同意を得る必要はないので、自由に第三者提供を行うことが可能です。したがって、匿名加工情報の売買も法的には問題になりません。

ただし、匿名加工情報を作成した事業者には、一定の義務が課せられています。

まず、個人情報から匿名加工情報を作成した事業者は、その匿名加工情報に含まれる個人に関する情報の項目をホームページに掲載するなどの方法で公表する必要があります。また、匿名加工情報を第三者に提供するときは、その提供する匿名加工情報に含まれる項目と提供方法を公表しなければなりません。さらに、情報を提供する相手方（第三者）に対しては、その情報が匿名加工情報であることを明示す

ることが求められます（告知義務）。

●匿名加工情報取扱事業者とは

　匿名加工情報データベース等（匿名加工情報を体系的に整理したもの）を事業に利用する事業者を匿名加工情報取扱事業者といいます。提供元である匿名加工情報取扱事業者には、自ら匿名加工をした事業者でなくても、匿名加工情報の第三者提供をする際に、提供する匿名加工情報に含まれる項目や提供方法を公表する義務が課されています。

　他方、匿名加工情報を受領した第三者である匿名加工情報取扱事業者は、匿名加工情報の作成時に削除された情報や匿名加工の方法についての情報を取得するなどの識別行為や、匿名加工情報を他の情報と照合する行為をすることが禁止されています。

■ 匿名加工情報の作成 ……………………………………………

 個人情報
→個人の
識別が可能

➡

 匿名加工
情報に匿名性を
もたせる加工

➡

匿名加工情報
→第三者提供など
の利用が可能

・個人を識別できる情報を削除
・後から復元・識別ができないように置き換える

当初の個人情報

氏　　名：	甲野一郎
生年月日：	昭和50年 6月15日
性　　別：	男性
住　　所：	東京都中野区 南中野１－２－３
勤　め　先：	株式会社星光商事
運転免許証 　　番号：	123456789123

 匿名加工

加工後の匿名加工情報

氏　　名：	×（削除）
生年月日：	40代
性　　別：	男性
住　　所：	東京都在住
勤　め　先：	会社員
運転免許証 　　番号：	×（削除）

24 Question

個人情報の利用にはどんな制限があるのでしょうか。

利用目的の特定・公表や個人データの正確かつ安全な管理が必要です。

　個人情報保護法では、個人情報や個人データなどの取扱いについて、個人情報取扱事業者に対して、さまざまな規制を設けています。

　まず、個人情報を取り扱う際には、その利用目的をできる限り特定しなければなりません（利用目的の特定）。また、特定した利用目的を変更する場合には、原則として、変更前の利用目的と関連性を有すると合理的に認められる範囲の内容を超えて、利用目的を変更することができません。

●利用目的による制限

　個人情報取扱事業者は、あらかじめ本人の同意を得ないで、特定された利用目的を達成するために必要な範囲を超えて個人情報を取り扱うことができません。特定した利用目的は、個人情報の取得以前に公表するか、あるいは取得後速やかに本人に通知または公表することが義務付けられています。

　ただし、通知または公表によって、本人または第三者の生命、身体、財産その他の権利利益を害するおそれがある場合や、個人情報取扱事業者の権利または正当な利益を害するおそれがある場合などは、取得前の公表あるいは取得後の本人への通知・公表を行っていなくても、個人情報保護法違反にはなりません。

●不適正な利用の禁止・適正な取得など

　個人情報取扱事業者は、違法・不当な行為を助長したり、誘発したりするおそれがある方法によって、個人情報を利用してはいけません（不適正な利用の禁止）。これは令和4年施行の個人情報保護法改正で追加されました。あわせて個人情報の不適正な利用が、本人からの利用停止等の請求の対象となることも追加されました（227ページ）。

　また、偽りその他不正の手段による個人情報の取得は許されません（適正な取得）。したがって、個人情報の取得は、本人の同意が要求されないのが原則です。ただし、要配慮個人情報の取得については、法令による場合などを除き、あらかじめ本人の同意を得ずに取得することも許されません。

●個人データの正確性の確保など

　個人情報取扱事業者は、利用目的の達成に必要な範囲内で、個人データを正確かつ最新の内容に保つとともに、利用する必要がなくなった個人データは消去するよう努めなければなりません。

■　個人情報の取扱いに関するおもな注意点 ‥‥‥‥‥‥‥‥‥‥

① 利用目的を特定しなければならない

② 利用目的達成に必要な範囲内で取得しなければならない

③ 取得に際しては利用目的を通知・公表しなければならない

④ 適正な手段によって取得しなければならない
　（要配慮個人情報は取得に際して本人の同意が必要）

⑤ 不適正な利用をしてはならない

⑥ 正確性の確保（個人データ）

 **個人データの安全管理措置
について教えてください。**

 個人データの組織的・人的・物理的・技術
的な安全管理措置を講じる必要があります。

　個人情報取扱事業者は、取り扱う個人データの安全管理措置を講じる義務があります。個人情報保護法ガイドライン「通則編」では、おもに以下の安全管理措置を定めています。

　①組織的安全管理措置では、個人データの取扱い状況を確認するための手段を整備すべきことの定め、漏えいなどの発生に備えて、適切かつ迅速に対応するための体制の整備を求めています。

　②人的安全管理措置は、従業者に対する個人情報の取扱いに関する指導・監督や必要な教育を内容とする措置です。

　③物理的安全管理措置では、たとえば、個人情報データベース等を取り扱うコンピュータの情報システムの管理区域を適切に管理し、取り扱う機器や書類の盗難・紛失などを防ぐ措置を求めています。

　④技術的安全管理措置では、たとえば、情報にアクセスできる従業者を制限し、正当なアクセス権を有する従業者を識別するしくみや、適切なウイルス対策などを行って外部からの不正アクセスから保護する体制を整えることが求められます。

●第三者への委託・再委託

　顧客情報などの個人データを外部業者に提供する場合には、個人情報取扱事業者は、安全管理措置義務の一環として、委託先の業者が個人データを適正に利用するように監督する義務があります。適切な委

託先を選定し、委託元と委託先との間で適切な安全管理措置について契約を交わします。さらに、委託内容によっては、委託先が任された業務の全部または一部を別の業者へ再委託を行う場合があります。この場合、委託元は再委託先に対して、直接または委託先を介する形で個人データを適正に利用するよう監督しなければなりません。

■ 組織的・人的安全管理措置 ……………………………………

組織的安全管理措置

①個人データの安全管理措置について、組織体制の整備、規程の整備、規程に従った運用をする

②個人データの取扱い状況を一覧できる手段を整備する

③個人データの安全管理措置の評価、見直し、改善を図り、事故や違反に対処する

人的安全管理措置

①雇用や委託の契約時において、個人データの非開示契約を締結する

②従業員に対して、個人データの取扱いについての教育・訓練を実施する

■ 物理的・技術的安全管理措置 ……………………………………

物理的安全管理措置

①入退室の管理を実施する

②盗難などを防止する

③機器・装置などを物理的に保護する

技術的安全管理措置

①個人データへのアクセスについて、識別と認証、制御、権限の管理を行う

②個人データへのアクセスを記録する

③個人データを取り扱うシステムについて、不正ソフトウェア対策、動作確認時の対策、監視を行う

④個人データの移送・送信時の対策をする

個人データを第三者に渡すときは事業者にはどんな義務がありますか。

個人データを第三者に渡すときはさまざまな規制があることに注意が必要です。

　個人情報保護法上の第三者提供とは、個人情報取扱事業者が保有する個人データを、当該個人情報取扱事業者以外に渡す行為のことを指します。個人情報保護法は、原則として、事前に本人の同意を得なければ、第三者提供を行うことはできないと規定しています。

●オプトアウト制度

　事前の本人の同意を不要とする例外的場合として、「本人が個人データの削除を求めた場合には削除する」ことを、事前に本人に通知しておくか、簡単に本人が知り得る状態にしているときは、事前に本人の同意がなくても、第三者提供を行うことが認められています。これをオプトアウト制度といいます。オプトアウト制度を利用する際は、上記に加えて個人情報保護委員会に届出をすることが必要です。

　ただし、要配慮個人情報は、通常の個人データよりも保護の必要性が高いため、オプトアウト制度による第三者提供ができません。

●委託や共同利用の場合

　外見上は、個人データの第三者提供を行っているように見えても、委託や共同利用の場合など、提供を受ける相手方が「第三者」に該当しないときは、第三者提供にあたらないため、第三者提供の規制の対象から除外されます。この場合、本人の同意なしで個人データを提供することができます。

●第三者提供の提供者・受領者の義務

　第三者提供が行われた場合、個人データの提供者（売主側）にはトレーサビリティの確保が義務付けられています。つまり、個人データの提供者である個人情報取扱事業者は、所定の事項について記録を残し、その保存義務を負います。

　提供者のみではなく、受領者（買主側）にも負担すべき義務があります。具体的には、受領者である個人情報取扱事業者は、提供者に対して、提供者の氏名（名称）や、提供者が第三者提供の対象となる個人データを取得した経緯などを確認しなければなりません。その後、確認をした項目に加え、所定の事項について記録を残し、その保存義務を負います。

■ 第三者提供に関する義務 ……………………………………………

	提供者	受領者
提供前	・あらかじめ本人の同意を得ることなく、個人データの第三者提供をしてはならない（原則）。 ・オプトアウト制度を利用する場合は、第三者提供をすること、提供される個人データの項目、提供方法、本人の求めで第三者提供を停止すること、本人の求めの受付方法を、本人に通知するか、本人が容易に知り得る状態に置き、個人情報保護委員会に届出をする。	・提供者の氏名（名称）、法人の場合は代表者氏名、提供者が個人データを取得した経緯（情報源や取得目的など）について確認する。
提供後	・提供年月日、受領者の氏名（名称）・住所、受領者が法人の場合は代表者氏名、個人データで識別される本人の氏名、提供される個人データの項目などを記録・保存する（保存期間は原則３年）。	・上記の確認事項に加え、受領年月日、個人データで識別される本人の氏名、受領する個人データの項目などを記録・保存する（保存期間は原則３年）。

社内で個人情報保護対策をどのように構築すればよいのでしょうか。外部に委託している場合についても教えてください。

個人情報保護方針を策定・公表する他、保有する個人に関する情報に対して生じる義務を明確にしましょう。

個人情報保護について事業者としての姿勢を明確にするために、個人情報保護方針（個人情報保護宣言）を策定するという方法があります。

たとえば、「金融分野における個人情報保護に関するガイドライン」では、①個人情報保護への取組方針の宣言、②個人情報の利用目的の通知・公表等の手続についてのわかりやすい説明、③個人情報の取扱いに関する諸手続についてのわかりやすい説明、④個人情報の取扱いに関する質問及び苦情処理の窓口、などを盛り込んだ個人情報保護方針を策定し、ホームページへの常時掲載などで公表するものとしています。

●保有する個人に関する情報の洗い出し

個人情報取扱事業者は、保有する個人に関する情報が「個人情報」「個人データ」「保有個人データ」のいずれに該当するかを明らかにする必要があります（182ページ図）。

一番広い概念である「個人情報」には、利用目的の特定や通知・公表の実施、利用目的の範囲を超えた利用の禁止、不正な取得の禁止、不適正な利用の禁止、苦情処理などの義務があります。「個人データ」には、以上に加えて、内容の正確性確保、安全管理措置、従業者・委託先の監督、第三者提供の制限などの義務があります。さらに、「保有個人データ」には、以上に加えて、本人からの開示、訂正、利用停

止などの請求に応じる（応じない場合はそのことを通知する）ことが義務付けられています。これらを明確にすることで、社内での個人情報保護体制をどのように構築するべきかが見えてきます。

●**外部委託している場合にはどうする**

　顧客に商品を発送する業務を外部委託する場合、顧客の個人データが委託先の発送業者にわたります。この場合、利用目的の範囲内で委託が行われる限り、原則として本人の同意を要する第三者提供にあたらず、受渡しに本人の同意は必要ありません。ただし、委託元である個人情報取扱事業者には、委託先が個人データを適正に利用するよう監督する義務が生じます（委託先の監督）。

　もっとも、委託先に出向いて常時作業を監督するわけにはいきません。そこで、委託元と委託先の間で「個人データを適正に取り扱います」という約束を取り交わし、不正利用や漏えいなどの事故を阻止する手段がとられます。ただ、定期的に安全管理措置の状況について、実際に委託先へ出向いて確認することは必要でしょう。

　また、委託先への必要かつ適切な監督が行われていない状態でさらに委託を行い、再委託先で漏えいなどの事故が発生した場合は、委託元の事業者に責任が生じる可能性があります。

■ **委託先への個人データの提供** ……………………………………

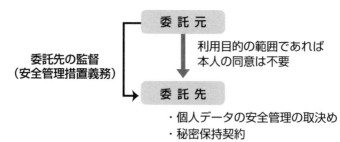

委託先の監督
（安全管理措置義務）

委 託 元

利用目的の範囲であれば
本人の同意は不要

委 託 先

・個人データの安全管理の取決め
・秘密保持契約
・損害賠償の明示

第5章

犯罪やその他の
法律問題と対策

心当たりのない「仮登録」「最後通告」といったメールが頻繁に届きます。このまま無視していて大丈夫でしょうか。

契約をした心当たりがない以上、返信をせずに無視して大丈夫です。

本ケースのような迷惑メールは、非常に多く送られています。友人や配送業者から届いたように見えるメールも多く、直ちには迷惑メールかどうかが判断できない状況になってきています。広告を送信してくる迷惑メールが増加したこともあり、特定電子メール法などの迷惑メールを規制する法律も制定されています（152ページ）。しかし、違法なことをしようとしている業者には、そうした規制を守ろうとする意識が薄く、迷惑メールを送信する手口は巧妙化しています。

本ケースも、契約をした心当たりが全くない以上、単なる迷惑メールですから、そのまま無視し、決して登録や支払いはしないでください。契約をした心当たりがないということは、契約関係がその業者との間に成立しているわけではないのです。何の原因もなくお金の支払義務を負うことはありません。

もし迷惑メールに従って登録や支払いをすると、この種の手法に弱い者であると業者に判断され、別の支払請求などを受ける可能性が高まります。また、あなたのメールアドレスが載ったリストが別の業者の手に渡る可能性も高まります。そして、同様の業者から同じような迷惑メールが次々に送られてくることになりかねません。

同様の理由で、業者に問い合わせをするなど、迷惑メールに対して何らかの反応をすることも控えた方がよいといえます。

 **2 Question** ある日突然、家に注文した覚えのない商品が請求書と一緒に送られてきた場合にはどのように対処したらよいでしょうか。

 令和３年７月６日以降に勝手に送り付けられた商品は消費者側が直ちに処分できるようになりました。

たとえば、ある日突然、家に注文した覚えのない商品が請求書と一緒に送られてきて、同封の書面に「○日以内に返品が行われなければ、購入したものとみなします」と記載されているような場合をネガティブオプションといいます。ネガティブオプションは「送り付け商法」「押し付け販売」とも呼ばれる商法のことです。

このように、いかにも契約が締結されてしまうかのように装い、送付相手（消費者）に「商品を受け取った以上、お金を支払わなければならない」と勘違いさせる点が、ネガティブオプションの大きな特徴です。売買契約に限らず、契約はお互いの合意がなければ成立しません。買う気のない人に一方的に商品を送り付けただけでは、売買契約が成立したとは認められません。

そのため、一方的に商品を送り付けられたとしても、その商品の代金を支払う必要はありませんし、クーリング・オフを行う必要もありません。しかし、たとえば、代金引換で送り付けられて、誤ってお金を支払ってしまうと、そのお金を取り戻すことが困難になる可能性があります。とくにネガティブオプションでは、代金引換で送り付け、受け取った方は「家族の誰かが商品を購入したのだろう」と勘違いして支払ってしまうケースも目立っています。

●ネガティブオプションと規制

　特定商取引法では、以下の２つの条件のすべてにあてはまる行為を、ネガティブオプションとして規制しています。そして、送り付けられた商品の種類を問わず、ネガティブオプションの規制対象となります。

① 販売業者が、売買契約の申込みも売買契約の締結もしていない消費者に対して、商品の売買契約の申込みを行うこと

② 実際に商品を送付すること

●送り付けられた商品の保管義務が廃止された

　一方的に商品が送り付けられてきた場合、「こんな商品を買った覚えはない」と考えて、送り付けてきた販売業者に連絡することなく、商品の受取人が勝手に商品を処分してしまうケースもあるでしょう。しかし、たとえ一方的に送り付けられてきたものだといっても、商品が他人（販売業者）の所有物であることに変わりはありません。

　もっとも、特定商取引法の改正で、令和３年（2021年）７月６日以降に商品が一方的に送り付けられた場合については、送り付けられた消費者は、直ちにその送り付けられた商品を処分することが可能になり、以前は課せられていた保管義務が廃止されました。

　そして、「販売業者は、売買契約の成立を偽つてその売買契約に係る商品を送付した場合には、その送付した商品の返還を請求することができない」（特定商取引法59条の２）との規定から、販売業者から商品の返還を請求されても、消費者は、それに応じる義務はありません。

　また、一方的に送り付けられた商品の代金を請求され、支払義務があると誤解して、お金を支払ったとしても、消費者は、そのお金の返還を請求できます。これは民法が規定する不当利得（法律上の原因なく自らが利益を受け、そのために他人に損失を及ぼすこと）を根拠とするものです。

●特定商取引法の規制が適用されない場合

　消費者は、一方的に送り付けられた商品を自由に処分できることに

なります。ただし、以下のいずれかに該当する場合は、商品の一方的な送り付けがあったとしても、特定商取引法の規制は適用されないことになります。

① 商品の送付を受けた者が購入意思を示した場合

消費者がだまされたり、勘違いをしたりしたわけではなく、真意で購入を望むのであれば、一方的に送り付けられた商品でも売買契約が成立します。この場合、消費者は商品の代金支払義務を負います。

② 送付を受けた側が消費者ではなく事業者である場合

特定商取引法は、事業者を規制して消費者を保護することが目的であるため、「商品の送付を受けた者が営業のために又は営業として締結することとなる売買契約の申込み」については、ネガティブオプションに関する特定商取引法の規定が適用されません（特定商取引法59条2項）。

これは、一方的に商品を送り付けられた側が事業者（会社などの商人）である場合に、ネガティブオプションに関する特定商取引法の規定が適用されないことを意味すると考えてよいでしょう。

●会社や事業者が受け取った場合

前述したように、事業者への一方的な商品の送付については、ネガ

■ 送り付け商法と商品の処分 ·····························

ティブオプションに関する特定商取引法の規制が適用されないことになります。

　ただし、これは送り付けられた商品を自由に処分できることにならないだけで、当然に商品の売買契約が成立したものとして扱われるわけではありません。しかし、送り付けた側の事業者に無断で処分すると、購入の意思があったとみなされたり、損害賠償を請求されたりする可能性があります。

　そこで、受け取った側の事業者としては、トラブル回避の手段として、「契約は存在していない」ことを記載した内容証明郵便を送付し、明確な意思を示すことが考えられます。

■ ネガティブオプションの規制が適用されない場合 ……………

規制の
対象外と
なる場合

① 商品の送付を受けた者が購入を承諾した場合
商品を受け取った後に消費者が購入意思を示した（だまされていたり、勘違いをしたりしていないことが必要とされる）場合には、販売業者と消費者との間に売買契約が成立する

② 商品の送付を受けた者が事業者にあたる場合
特定商取引法は、消費者を保護するためのものなので、事業者（会社などの商人）に対して一方的に商品が送り付けられた場合については規制の対象外となる

ネットによる誹謗中傷への対策について教えてください。

直接的な手段はサイト管理者に対する誹謗中傷の書き込みの削除請求です。

　インターネットの普及により、自分の意見や論評をSNS、ブログ、掲示板（BBS）などに書き込むことで、多くの人に向けて伝えることが可能になりました。しかし、プライバシーを暴露する、名誉を傷つける、誹謗中傷するといった書き込みも見られます。このような他人の権利や利益を侵害する書き込みは、民法が規定する不法行為（故意または過失によって他人の権利や利益を侵害する行為）として扱われる他、名誉毀損罪などの犯罪行為に該当することもあります。

① 名誉毀損

　名誉とは、個人の目には見えない社会的評価のことで、この社会的評価を傷つける（低下させる）行為のことを名誉毀損といいます。

　名誉毀損の被害者は、加害者に対して、不法行為を理由に損害賠償として慰謝料の支払請求ができます。加害者に支払請求ができる慰謝料は、書き込みが被害者の社会的評価の低下にどれだけ影響したかなどによって客観的に判断されます。また、被害者は、損害賠償に代えて、または損害賠償とともに、加害者に対して、名誉を回復するのに適当な処分（新聞に謝罪広告を載せるなど）の請求もできます。

　名誉毀損については、刑法が定める名誉毀損罪が成立する可能性もあり、被害者が警察に告訴するケースも考えられます。ただし、名誉毀損罪（刑法230条）が成立するには、事実（真実であるか否かは問

いません）を摘示して、被害者の名誉を傷つける行為が公然と（不特定多数の人が見聞する可能性がある場所で）なされることが必要です。これに対し、事実を摘示しないで、被害者の名誉を傷つける行為が公然となされた場合は、侮辱罪（刑法231条）が成立します。

② プライバシー

家庭や個人の私生活などの私事について、他人からの干渉から保護することは、個人の尊厳の尊重という憲法が採用する原理からも必要なことです。そして、私事をみだりに他人に対して公開されない権利のことをプライバシーの権利といいます。したがって、他人の私事を暴露することは，原則としてプライバシーの侵害に該当します。

さらに、現在においては、国や地方公共団体をはじめ、私企業などに記録・保存されている自己の個人情報をコントロールする権利（どのような個人情報が記録・保存されているのかを知り、その個人情報を不当に利用されないようにする権利）という側面も、プライバシーの権利の範囲内に含まれるものと考えられています。

■ 掲示板・ブログ・SNSなどへの書き込みで生じる法的問題 …

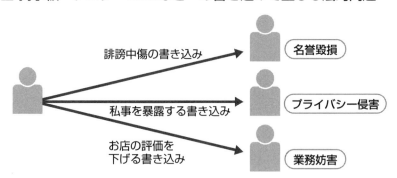

誹謗中傷の書き込み → 名誉毀損

私事を暴露する書き込み → プライバシー侵害

お店の評価を下げる書き込み → 業務妨害

Question 4 ネット上の誹謗中傷などに適用される侮辱罪の法定刑が引き上げられました。悪質な行為には従来よりも重い刑罰が科されますが、問題点はないのでしょうか。

　改正によっても侮辱罪の処罰範囲は変わらないので、憲法が保障する表現の自由を不当に侵害するものではありません。

･･

　人の名誉を傷つける行為に対する罪としては「名誉毀損罪」（刑法230条）と「侮辱罪」（刑法231条）の2つがあります。法定刑は名誉毀損罪の方が重く「3年以下の懲役若しくは禁錮又は50万円以下の罰金」です。これに対し、侮辱罪の法定刑は「拘留又は科料」とされていました。しかし、令和4年の改正で、侮辱罪の法定刑が「1年以下の懲役若しくは禁錮若しくは30万円以下の罰金又は拘留若しくは科料」へと引き上げられました。

　このような侮辱罪の厳罰化により、憲法の保障する表現の自由が不当に侵害され、たとえば、政治討論などによる公人への正当な批判が抑制されるという懸念が示されました。しかし、従来から変わらず、侮辱罪の処罰対象は「事実を摘示せずに、公然と人の名誉を傷つけること（公然と侮辱すること）」のままです。

　また、従来からの「拘留又は科料」も残されていますので、拘留または科料に相当する犯罪行為に対し、懲役または罰金という過度に重い刑罰が科されるのではなく、懲役または罰金に相当する悪質な犯罪行為にのみ、新設された懲役または罰金が科されることで、犯罪行為の重さと刑罰の重さとのバランスが図られます。

Question 5

検索すると私を誹謗中傷するサイトがでてくるのですが、該当サイトが検索結果に表示されないようにすることはできないのでしょうか。

サイト管理者に書き込みの削除を請求するとともに、発信者情報開示請求や検索事業者に対する削除請求も検討するとよいでしょう。

自らを誹謗中傷するサイトを検索結果に表示されないようにするために、検索事業者（検索サービス提供事業者）に対して、自らを誹謗中傷するサイトが存在することを通知し、検索結果に表示されないように請求できます。検索事業者のサイトには連絡用のフォームが用意されているので、侵害情報、侵害されていると考える理由などの必要事項を記入して送信します。

もっとも、削除依頼に応じるかどうかは検索事業者の判断によります。検索事業者は、そのサイトがインターネット上に存在していることを検索結果に反映しているにすぎず、自ら誹謗中傷しているわけではなく、検索結果への反映は当然には権利や利益を侵害する行為にあたらないといえるからです。そこで、根本的解決を求めるならば、サイト管理者に対して誹謗中傷の書き込みを削除するように請求するのが最善といえます。

裁判例においても、サイト管理者に対する削除請求がされていないのに、検索事業者に対して検索結果からサイトが表示されないように請求できる場合を限定的に判断しており、検索結果として表示されるサイト自体から違法性が明らかで、かつ、サイトの大部分が違法性を有している場合で、検索事業者が申し出などによって違法性を認識で

きたのに放置した場合としています。

検索事業者への削除請求は、検索事業者による任意での対応を期待することになる場合が多いでしょう。そのため、誹謗中傷を行っているサイトの管理者に連絡がとれない場合や、そもそも管理を放棄しているなど、サイトそのものの削除が難しい場合、サイト管理者に対して訴えを提起している状況などでの初動的な対応として、検索事業者に対する削除請求を考えておくとよいでしょう。

●プロバイダ責任制限法が改正された

プロバイダ責任制限法は、サイト管理者が削除請求に基づいて権利を侵害するとされる書き込みを削除しても、書き込みをした人（発信者）に対する損害賠償責任を免れることができる場合の他、発信者情報開示請求について規定しています。

しかし、発信者情報開示請求については、相手方の特定までに時間がかかるなどの問題があります。そこで、令和3年成立のプロバイダ責任制限法の改正によって、発信者情報開示請求に関する新たな裁判手続きが導入されており（新たな裁判手続きは令和4年10月から導入されています）、発信者情報が開示されるまでの時間短縮（迅速化）が期待されています。

■ 誹謗中傷記事（書き込み）があるサイトへの対応 ⋯⋯⋯⋯⋯⋯

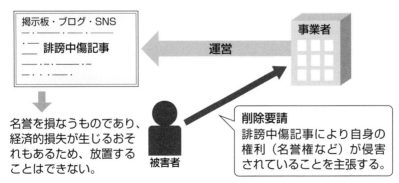

グルメサイトへの書き込み行為が業務妨害罪に問われる場合があるのでしょうか。

ウソの書き込みをすることは、業務妨害にあたり偽計業務妨害罪になる場合があります。

たとえば、グルメサイトに「お店の料理がまずい」「店員の対応が悪い」などのウソの書き込みをすることは、偽計業務妨害罪（刑法233条）にあたる可能性があります。偽計業務妨害罪とは、虚偽の風説を流布する（ウソの情報を広く伝える）こと、または偽計（人を欺く手段）を用いることによって、他人の業務を妨害する犯罪です。

上記の場合、とくにお店に行ったことがなく、お店の情報を持たない人に向けて、料理がまずいなどのウソの書き込みをした点が「虚偽の風説を流布する」ことにあたるといえます。そして、偽計業務妨害罪は、実際にお客が減ったかどうかは関係なく、お客が減る可能性がある状態になることで成立します。つまり、ウソの書き込みを見た通常の人が、「そのお店に行くのはやめよう」「そのメニューを注文するのはやめよう」と考えるような内容の書き込みである場合に、偽計業務妨害罪が成立するといえます。

なお、自分の書き込みではなく他人の書き込みだとしても、ウソの書き込みを引用して情報を拡散した場合にも偽計業務妨害罪になる可能性があるので注意が必要です。偽計業務妨害罪が成立すると、3年以下の懲役または50万円以下の罰金に処せられます。

ウイルスメールを送信した場合にはどんな責任が発生するのでしょうか。

故意または過失があるときは損害賠償責任が発生する他、故意があるときはウイルス供用罪も問題になります。

....

電子メール（メール）は、非常に便利なツールですが、同時に多数の相手に同じ内容の文章や写真を送ることができるという特徴を悪用して、不要な広告が大量にばらまかれることがあります。迷惑行為となるメールの送信は、悪意があるものに限られるわけではありません。たとえば、ソフトの操作ミスによって、多くの人に無関係のメールが一斉に送信されるなどの迷惑行為が生じる可能性もあります。

● ウイルスメールと損害賠償責任

たとえば、ウイルスメールの送信者をA、Aからの添付ファイルを開いてしまった人をB、Bを介してウイルスメールを受け取った人をCとします。

コンピュータウイルスは、メールの添付ファイルを介して送られてきたり、不正なサイトを閲覧したりすることで感染します。しかし、感染を防ぐためのウイルス対策ソフトや駆除ツールも準備されています。そこで、知らなかったとはいえ、Bが安易に送信者不明のメールの添付ファイルを開くなどの過失が認められるかが問題になります。

もしウイルスメールの送信についてBに過失が認められるのであれば、Bは、Cからの損害賠償請求に応じなければなりません。これに対し、十分な注意を払っていたのに不可抗力でウイルスメールが送信

されてしまったのであれば、Bに故意も過失も認められず、BはCからの損害賠償請求に応じる必要がありません。

　他方、BはAに対して損害賠償請求をする権利があります。また、BはCに対して支払った賠償金の分を含めて請求できます。送信ログなどからAの正体を突き止めることができる場合もありますので、管轄の警察のサイバー犯罪対策課に相談してみましょう。

●ウイルスメールの送信

　コンピュータウイルスは、電子メールのしくみを利用して、勝手に拡大します。自分のコンピュータがウイルス感染をすると、他人にウイルスメールが勝手に送信されます。

　この場合、不正指令電磁的記録供用罪（ウイルス供用罪）が問題になります。この罪は、正当な理由なく、ウイルスのような不正な指令を与える電磁的記録を他人のコンピュータで動作させることで成立します（動作させようとした未遂も処罰されます）。しかし、自分のコンピュータがウイルス感染していることを知らずにウイルスメールを送っているので、犯罪の故意に欠け、ウイルス供用罪は成立しません。

■ ウイルス感染したメールの送付 ……………………………

（例）コンピュータウイルスに感染したメールを受け取り、知らないうちにアドレス帳に登録されたアドレス宛にウイルスメールが送信されてしまう

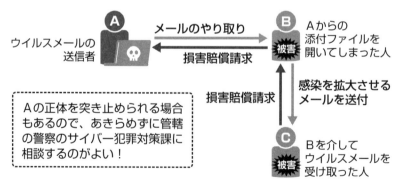

不正アクセス禁止法が禁止しているのはどんな行為なのでしょうか。

不正アクセス行為だけではなく、これを目的とするID・パスワードの取得なども禁止されています。

不正アクセス禁止法（不正アクセス行為の禁止等に関する法律）の規定によって、不正アクセス行為自体が犯罪とされますので、捜査当局は大きな犯罪が起きる前に、不正アクセス行為を摘発し、他の犯罪の発生を未然に防ぐことができます。

不正アクセス禁止法が禁じているおもな行為は、①不正アクセス行為、②不正アクセス行為の目的による他人の識別符号（IDやパスワードなど）の取得・保管行為、③不正アクセス行為を助長する行為であり、いずれも処罰対象です。

不正アクセス行為とは、アクセス権限を持たない者が、インターネットなどのネットワークを通じて、サーバや情報システムの内部へと侵入する行為です。侵入するだけで不正アクセス行為は成立するため、侵入後の情報改ざんがなくても不正アクス禁止法によって処罰されます。また、不正アクセス行為は企業や政府機関が管理するシステムに侵入する場合だけでなく、不正に取得したIDやパスワードを用いて個人が管理するオンラインゲームやネットショッピングのアカウントへ侵入することも、同じく不正アクセス行為に該当します。

さらに、不正アクセス行為の前段階である②③の行為も処罰対象に含まれます。③の例として、他人のIDやパスワードを勝手に第三者

に教える行為が挙げられます。

●不正アクセス行為の分類と再発防止措置

　不正アクセス行為は、識別符号を盗用する「なりすまし」（識別符号盗用型）と、セキュリティの欠陥を利用して識別符号なしに侵入する行為（セキュリティホール攻撃型）に分類されます。前述したとおり、不正アクセス禁止法は、不正アクセス行為をした人を処罰するだけではなく、他人の識別符号を提供した（教えた）人も処罰対象としています。また、不正アクセス行為があった場合、サーバなどの管理者に再発防止措置を行うことを求め、必要な場合は行政機関がその援助を行います。なりすましの被害にあった場合、なぜ識別符号が盗まれたのかを調査する必要があり、被害者自身が教えたのでなければ、不正アクセス禁止法による処罰が可能になります。

●他人が自分になりすましてSNSをしている場合

　なりすましを見つけたときは、SNSの運営者に対して、なりすましのアカウントを削除するように請求します。たとえば、Twitterの場合は運営者に請求するためのフォームがあります。そこに相手のアカウント、自分の連絡先、なりすましで被害を受けていることなどを入力します。フォーム自体は英語ですが、日本語でも対応しています。

■ 不正アクセス禁止法の処罰対象となる行為 ⋯⋯⋯⋯⋯⋯⋯

処罰対象の行為	刑事罰
不正アクセス行為	3年以下の懲役または100万円以下の罰金
不正アクセス行為の目的による他人の識別符号の取得・保管行為	1年以下の懲役または50万円以下の罰金
不正アクセス行為を助長する行為※	50万円以下の罰金

※相手方に不正アクセス行為の目的があるのを知って他人の識別符号をその相手方に提供する行為は「1年以下の懲役または50万円以下の罰金」

インターネットバンキング
の不正送金のおもな手口と
して、どんなものがあるので
しょうか。

不正送金は不正アクセス禁止法違反、電子
計算機使用詐欺罪、窃盗罪にあたる可能性
があります。

インターネットバンキングの不正送金のおもな手口として、フィッシング詐欺と不正送金のウイルスがあります。たとえば、不正サイトに誘導された場合はフィッシング詐欺にあたります。フィッシング詐欺とは、銀行やネットショッピング、SNSなどのウソのログインページ（フィッシングサイト）に誘導し、IDやパスワードなどの情報を入力させ、これによって取得した情報を用いて不正送金などを行う犯罪の手口です。

不正アクセス禁止法では、不正アクセス行為を目的とするID・パスワードなど（識別符号）の取得・保管行為を禁止しているため、ID・パスワードなどを入力させるフィッシングサイトを開設し、そこで他人のID・パスワードなどを取得することも不正アクセス禁止法違反になります。

また、フィッシングサイトで取得した他人のID・パスワードなどを利用してインターネットバンキングにログインを行いその他人の口座から自分の口座に不正送金した場合は、電子計算機使用詐欺罪にもあたります。一方、不正に取得したキャッシュカードや暗証番号を利用してATMから現金を引き出した場合は、窃盗罪にあたります。

システム障害で送金できなかったら銀行に責任を追及することはできるのでしょうか。

銀行がシステム障害に対しての適切な安全策を講じていたのに、システム障害が生じた場合には免責条項が適用され、銀行は損害賠償義務を免れます。

インターネットバンキングを利用して商品代金を振り込む操作をしたにもかかわらず、銀行のシステム障害で送金できなかったとしても、商品代金は支払わなければなりません。

一方、銀行への責任追及に関して、多くの銀行のインターネットバンキングの利用規程では、システム障害によってインターネットバンキングのサービスが利用できなくなったとしても、損害賠償義務を負わないという免責条項が置かれています。

これは、銀行がシステム障害に対しての適切な安全策を講じていたにもかかわらず、システム障害が生じた場合に適用されるものとされています。つまり、天災による場合や、適切に不正アクセスの防止対策を行っていたのにハッキングがなされた場合などは、この免責条項によって、銀行は損害賠償義務を免れることになります。

もっとも、システム障害の原因が、不正アクセスを防止するシステムに不備があった、もしくはインターネットバンキングのシステムそのものに不備があったなど、銀行に帰責事由（落ち度）があると認められる場合には、銀行に損害賠償請求ができます。

わいせつ画像のわいせつ性を有する部分のマスク処理を外せる状態にすることは、処罰対象になるのでしょうか。

 マスク処理を外すことができるソフトウェアをダウンロードできる状況にあるときは、処罰対象になる場合があります。

ホームページにわいせつ画像を載せると、不特定多数の人が閲覧できる状態になります。サイト開設者は、わいせつ画像を公然に陳列しているため、わいせつ物公然陳列罪に問われる可能性が高いといえます。ただ、画像をアップロードしたサーバが海外にある場合、日本の刑法をそのまま適用できるかどうかの問題が生じます。日本の刑法は属地主義を原則としているからです。もっとも、わいせつ画像を日本国内から外国のサーバにアップロードしている場合は、実行行為の一部が日本国内で行われているため、処罰の対象となります。

●マスク処理を外すことが容易にできる状況にある場合

わいせつ画像をホームページに掲載することは、わいせつ図画公然陳列罪にあたります。しかし、わいせつ画像のわいせつ性を有する部分にマスク処理をした場合、その画像はわいせつ画像とはいえなくなるため、わいせつ物公然陳列罪の対象にはなりません。

ただ、画像にマスク処理をして掲載しても、画像を掲載しているホームページ内にマスク処理を外すソフトウェアがダウンロードできる状況で置かれている場合、アクセスした人は容易にマスク処理を外し、元のわいせつ画像の閲覧が可能です。この場合は、マスク処理された画像でもわいせつ画像であると認め、わいせつ物公然陳列罪を成

立させた裁判例があります。

●ホームページ上にわいせつな写真や文章を掲載した場合

　わいせつ物を不特定多数の人に売却し、または他人が閲覧できるようにした場合、頒布罪や公然陳列罪として処罰されます。したがって、ホームページに公開した場合、不特定多数の人がわいせつ物を閲覧できる状態になるため、公然陳列罪にあたります。一方、わいせつ画像を閲覧しているだけ、持っているだけの場合は処罰されないものの、頒布目的で所持している場合は頒布目的所持罪として処罰されます。

●児童ポルノ禁止法

　児童（18歳未満の人）のわいせつ物（児童ポルノ）を、不特定多数の人だけでなく特定または少数の人に提供することの他、自己の性的好奇心を満たす目的で所持すること（単純所持）や、提供や単純所持の目的で輸出入することなどが禁止されています。

■ わいせつ画像の掲載と児童ポルノ ……………………………

わいせつ物頒布罪・頒布目的所持罪・公然陳列罪（刑法 175 条）

不特定多数の人に頒布する（売却など）、不特定多数の人への頒布目的で所持する、不特定多数の人に向けて陳列する（閲覧できる状態するなど）ことが処罰対象になる

① マスク処理した画像のそばにマスク処理を外すソフトを置いておく
　　⇒公然陳列罪にあたる

② わいせつ画像を掲載したホームページへのリンクを置いておく
　　⇒わいせつ物頒布罪・公然陳列罪の助長（幇助）にあたる行為

児童ポルノ禁止法

児童ポルノを少数・特定の人に譲り渡すことも処罰対象に含まれている
　★単純所持（自己の性的好奇心を満たす目的での所持）も処罰対象になる
　★提供目的での製造・所持・保管も処罰対象になる

アダルトサイトを一度クリックしただけで高額料金を請求されたのですが、どうしたらよいでしょうか。

アダルトサイトの運営者が日本国外の場合は、支払いを断るのが困難になります。

　インターネット上で個人情報やクレジットカード情報を入力する場合は細心の注意が必要です。セキュリティ以外にも、支払金額についても十分承知した上で入力することが大切です。

　たとえば、アダルトサイトの中には、利用金額がドルなどの海外通貨で表示されている場合や、退会するまで毎月利用料金がかかるのに退会方法が不明確な場合があります。また、アダルトサイトのコンテンツの中には、日本国内の法律に違反しているものもあります。

　そのため、利用者が被害を訴えることができずに泣き寝入りすることを想定して、契約内容や退会方法などを故意にわかりにくくしているアダルトサイトもあります。利用者の後ろめたさを利用しているため、十分注意すべきです。

　本ケースのようにアダルトサイトから高額料金を請求された場合は、クレジット会社に経緯を説明し、支払金額や方法などについて協議しましょう。利用料金や退会方法が一見するだけでは誤解を招くよう巧妙に細工されていたときは、運営者が日本国内であれば、消費生活センターなどに相談してもよいでしょう。運営者が日本国外の場合は、日本の法律の適用が及ばないので、クレジット会社に相談し、支払いを止めてもらうなどの措置が必要になるでしょう。

●間違えてボタンを押した場合のアダルトサイトの登録料

　アダルトサイトとの契約で問題が発生した場合、通常の契約と同様の規定が適用されます。たとえば、利用するつもりがないのに間違えて契約をした場合、契約の申込者は錯誤（民法95条）に陥っている可能性があります。錯誤とは、本人の頭の中の認識と、客観的な事実との間にズレが生じている状態です。しかし、本人に重大な過失がある場合は、錯誤を理由とする契約の取消しの主張はできません。

　申込者が間違えてボタンを押した場合は過失があります。ただ、パソコンやスマートフォン上で、ボタンを押すつもりがないのに間違えて押してしまうことは多々あるため、それを重大な過失として錯誤による取消しを認めないのは申込者にとって酷です。そのため、電子消費者契約に関しては、電子契約法が特例を設けており、事業者側が消費者である申込者に購入意思の確認措置を行っていない場合、申込者は重大な過失があっても錯誤取消しを主張できます（39ページ）。

■ クリックをしただけでいきなり料金請求された場合 …………

トラブル例

・会員登録の内容、金額などの記載がわかりにくく、間違えてクリックしたら、「○○万円を○日以内に振り込め」との表示が出た。

・アダルトサイトを閲覧して、「18歳未満」かどうかの認証をクリックすると「登録が完了しました。利用料は○○万円です」という表示がでた。

・ネット検索後サイトの画面をクリックしたら勝手に登録が完了した。その後、料金請求表示などがあった。

注意点と対策

・「会員登録完了」「入会ありがとうございました」と表示されても、契約が成立しているとは限らない。

・IPアドレスやスマートフォンの個体識別番号だけでは、氏名、住所、電話番号、メールアドレスなどはわからないことが多い。相手の目的は連絡をとって新たな個人情報を聞き出すことなので、むやみに相手に連絡をしてはいけない。

・アクセスしたホームページのURL、利用規約、請求画面などは証拠として保存（印刷）しておきたい。

ファイル共有ソフトを利用すると、どんな場合に違法になるのでしょうか。

多くの人が著作権侵害に使う可能性を認容していれば刑事責任を問われます。

　不特定多数の人とインターネット上でファイルを共有し、交換し合うことができるソフトウェアをファイル共有ソフト（ファイル交換ソフト）と呼びます。かつてはWinnyやWinMXなどが代表的なものでしたが、現在でもファイル共有ソフトは存在します。

　ファイル共有ソフトは、利用者同士が持っているファイルを交換という形で無償でダウンロードすることができます。これだけを見ると、友達同士でCDの貸し借りをするのと大差がないように見えますが、不特定多数の人が参加してファイルを共有すると、その種類や量は膨大になります。その膨大なファイルを自由に、しかも無償でダウンロードができるとなれば、正規品を購入する人がいなくなることにもつながりかねません。

　たとえば、ファイル共有ソフトを利用して著作物にあたるファイルを共有することは、その著作権者の権利を侵害することにつながる可能性があります。その意味で、ファイル共有ソフトには問題点があるとされています。もっとも、ファイル共有ソフトを開発すること自体は、法律に違反する行為ではありません。

●ソフトのインストールだけでも法律違反になるのか

　公開されているファイル共有ソフトをインストールする自体は、とくに問題ありません。また、ファイル共有ソフトで利用者が自ら作成

したデータを交換し合うのであれば、自らが有する著作権に基づいて行っている（著作権者が有する複製権や公衆送信権などを自ら行使している）わけですから、これも問題がないことになります。他人が創作したソフトウェア、音楽、絵画、漫画、映画などの著作物のファイルを登録するような行為をしなければ、著作権侵害の問題が生じることはなく、便利なソフトウェアとして活用できます。

　なお、著作権侵害のファイルをダウンロードする行為（違法ダウンロード）について、従来は、録音・録画された有償のファイル（音楽や映像の有償のファイル）の違法ダウンロードのみが罰則の対象でした。しかし、著作権法改正に伴い、令和3年1月以降は、すべての著作物にあたる有償のファイルの違法ダウンロードが罰則の対象になっています。ファイル共有ソフトを利用する際は、著作権侵害の疑いのあるファイルをダウンロードしないようにしなければなりません。

■ ファイル共有ソフトのしくみ ……………………………………

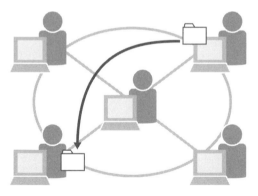

特　徴：不特定多数の人が複製可能なファイル（電子データ）を
　　　　自由に無償でダウンロードできる
問題点：著作物の著作権者が持っている複製権、公衆送信権、
　　　　送信可能化権などを侵害する可能性がある

中古の格安スマホを購入しようと思っていますが、安全性に問題はないのでしょうか。

本体の動作状況の確認だけでなくチェックポイントがいくつかあります。

　トラブルを避けるために注意すべきおもな項目は、①機種代金が完済されているか、②本体の動作状況が正常であるか、という2点です。

　①については、前の所有者が支払っていた機種代金が完済されているかを確認しましょう。機種代金の分割払いの残債がある場合、前の所有者が支払いを怠ると、通信機能が使えなくなる可能性があります。多くのスマホ本体は、前の所有者の購入先である通信会社のサイトで、本体の製造番号などを使い、残債の完済の有無やネットワーク利用制限の状況を確認できます。本体にネットワーク利用制限がかかっていると、新しくSIMカードを購入して使用を開始しても、通信機能が使えなくなる可能性が非常に高いです。

　②については、本体の外観は写真や自分の目で見て、ある程度確認することができますが、動作状況は一見しただけではわかりません。中古販売店では、一定期間の動作保証をしている場合もありますが、ネットオークションなどの個人取引では、とくに注意が必要です。事前に動作状況や不具合が起こった場合の返品の有無などについて、売主によく確認することをお勧めします。

　また、中古のスマホを入手した場合は、情報セキュリティの観点から工場出荷状態に戻してから使用すべきです。

海外で知的財産権の侵害を受けた場合にはどうしたらよいでしょうか。

 まずは知的財産権を侵害している証拠を入手し、それから侵害者に警告書を送付します。

　知的財産権に対する侵害は、国内でだけ起こるとは限りません。自分が保有している知的財産権を許諾なく使用する行為は、海外でなされる可能性も十分にあります。たとえば、中国にあるテーマパークでは、日本やアメリカで生み出されたアニメのキャラクターに酷似した人形などが用いられていたことがありました。

●侵害を発見したらどうする

　原則として、知的財産権は国ごとに取得します。そのため、海外で知的財産権を主張する場合には、その国で知的財産権の出願・取得の手続きを行っておくことが必要です。

　知的財産権の出願・取得の手続きを済ませている場合、まずは知的財産権が侵害されている事実を証明する証拠を入手します。たとえば、商品によって知的財産権が侵害されているときは、その商品を購入する必要があるでしょう。また、その国の調査機関に依頼して証拠を収集することも検討します。

●侵害者に警告をする

　知的財産権を侵害する証拠を集めた後、それらの証拠に基づいて侵害者に警告書を送付します。警告書によって、知的財産権を侵害している商品の回収・破棄などを要求します。また、知的財産権の侵害に基づく損害賠償の請求や、知的財産権の使用の対価（ライセンス料）

を支払えば今後も知的財産権を使用することを認めるとの通告も、警告書の送付によって行うことができます。

●どんな手段をとることができるのか

　知的財産権が侵害されている場合は、訴訟を提起して差止請求や損害賠償請求をすることが可能です。知的財産権の侵害を理由とした刑事告訴・告発が可能かどうかも検討します。

　また、輸出禁止命令の発動を求めることも検討する必要があります。多くの国では、知的財産権を侵害している商品を輸出することを禁止しています。そのため、知的財産権を侵害している商品が輸出されることが判明した場合には、その国の国家機関に輸出禁止命令の発動を求めます。

　ただ、海外の訴訟や行政手続きの制度は日本の制度とは異なっているため、どのような手段を用いるかについて、その国の専門家の意見を聞いて決定していくことが必要になります。

■ 海外で知的財産権侵害の被害に遭った場合の対応・対策　……

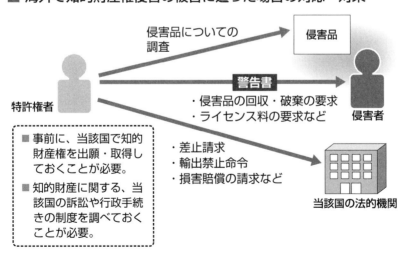

Column

SNSや動画中継などを利用したネットでの選挙運動

　ネットでの選挙運動は認められており、政党、候補者、支援者は選挙の公示日から投票日の前日までの期間に、ホームページやブログを更新して、ポスターやビラを掲載したり、政策を訴えたり、動画サイトで演説を配信したり、TwitterやFacebookなどのSNSを利用して演説の告知をしたり、候補者への投票を呼び掛けることができます。有権者も自分が応援している候補者への投票を呼び掛けることができます。また、政党、候補者は選挙運動用のメール配信を希望した人に向けて、メールを使って候補者の挨拶や主張、告知などを有権者に送信できます。一方で、政党や候補者以外の有権者はメールを利用した選挙運動が禁止されています。

　もっとも、LINEやFacebookのメッセージ機能は規制の対象外ですので、メッセージ機能を利用した選挙運動ができます。また、受信者の方で、ブログやSNSに投稿された内容を自動でメール転送する設定にしている場合もありますが、そのような設定になっていることは投稿をした人にはわからないので、規制対象にはなっていません。

　なお、うその書き込みやなりすまし、候補者や政党のWebサイトを改ざんすることは禁止されており、処罰対象となっています。候補者になりすまして本物の候補者と正反対の主張をすると、選挙活動に影響を与えます。そのため、ネットで選挙運動をする場合には氏名やメールアドレスを公開することが義務付けられていて、ネット掲示板などに書き込む場合には、その都度連絡先を記載する必要があります。表示するのを忘れても罰則はありませんが、氏名などを偽った場合には罰則が科されています。

　ネット選挙が解禁されても、未成年者の選挙運動は禁止されていることに注意を要します。また、公示日よりも前に特定の候補者への投票を呼びかけるような書き込みをすることはできません。

第6章

ネットトラブル解決の
ための手続きと書式

通信販売の広告の必要的記載事項

広告に表示すべき必要的記載事項とは

　通信販売では、消費者は、広告を閲覧した上で、商品を購入するかどうかを判断します。そこで、特定商取引法は、事業者が通信販売を行う際の広告に一定の事項を表示することを義務付けています。この表示を義務付けられている「一定の事項」のことを必要的記載事項といいます（225ページ図）。

　ネットショップの商品紹介の各ページに「特定商取引法に基づく表示」へのリンクが貼られていることが多いですが、これは各商品に共通する必要的記載事項をまとめて掲載したものです。

　以下、おもな必要的記載事項を見ていきます。

① **販売価格**について

　商品の価格が曖昧に記載されていて、実際に取引するまで正確な支払額がわからないと消費者は不安になります。そこで、商品の販売価格は、消費者が実際に支払うべき「実売価格」を記載することが必要です。したがって、希望小売価格、標準価格などを表示しても、その金額で取引されていなければ「実売価格」の表示とはいえません。

　また、消費税の支払いが必要な取引では、消費税込の価格を記載する必要があります。

② **送料**について

　購入者が送料を負担する場合は、販売価格とは別に送料の明記が必要です。送料の表示を忘れると「送料は販売価格に含まれる」と推定され、送料を請求できなくなるおそれがあります。また、送料は購入者が負担すべき金額を具体的に記載する必要があるため、「送料は実費負担」という記載は具体性を欠くため不適切です。

　たとえば、全国一律の送料で商品を配送する場合は、「送料は全国

一律○○円」と簡単に表示できます。しかし、全国一律ではない場合は、配送地域ごとに送料がいくらになるかを記載すべきです。配送地域ごとの送料については、商品の重量やサイズ、発送地域を記載した上、配送会社の料金表のページにリンクを張る方法も可能です。

③ その他負担すべき金銭について

「その他負担すべき金銭」は、販売価格と送料以外で、購入者が負担すべきお金のことです。たとえば、組立費、梱包料金、代金引換手数料、キャンセル料などが代表的なものです。

取引にあたっては「その他負担すべき金銭」がある場合に、その内容と金額を表示することが必要です。購入者がどれだけの費用がかかるのかを正確に知り、安心して取引できるようにするためです。したがって、組立費などの費目を明示し、具体的な金額を記載しなければならず、具体的な費目や金額を明記していないものは、不適切な表示となります。たとえば、「梱包料金、代金引換手数料は別途負担」「常識程度の梱包料金をいただきます」といった記載は、具体的な金額を明記していないので、不適切な表示となります。

④ 代金（対価）の支払時期について

購入者が代金（対価）をいつ支払うかは取引の重要事項なので、具体的に表示する必要があります。代金の支払時期は、前払い、後払い、商品の引渡しと同時（代金引換）などのパターンがあります。

たとえば、後払いの場合は、「商品到着後、1週間以内に同封した振込用紙で代金をお支払いください」などと記載します。代金引換の

■ 通信販売に対する規制 ……………………………………

場合は、「商品到着時に、運送会社の係員に代金をお支払いください」などと記載します。

⑤　商品の引渡し時期について

　注文した商品が購入者の手元に届くまでにどのくらいの期間がかかるかを明確に表示する必要があります。具体的には、商品の発送時期（または到着時期）を明確に表示します。

　たとえば、前払いの場合には、「代金入金確認後○日以内に発送します」のように記載します。代金引換の場合は、「お客様のご指定日に商品を配送します」のように記載します。なお、「時間を置かずに発送する」という意味で、「入金確認後、直ちに（「即時に」「速やかに」でもよい）発送します」と記載することも可能です。

⑥　代金（対価）の支払方法について

　代金（対価）の支払方法が複数ある場合には、すべてを漏らさずに記載する必要があります。他の支払方法があるにもかかわらず、一部の支払方法しか記載しないようなことは認められません。たとえば、「代金引換（商品代引）、クレジット決済、銀行振込（前払い）、コンビニ決済（前払い）、現金書留（前払い）」のように、支払方法をすべて列挙します。

⑦　返品制度に関する事項について

　返品制度とは、商品に欠陥がない場合にも、販売業者が返品（申込みの撤回または契約解除）に応じるという制度です。事業者は、返品の特約として、返品の有無とその期間などを明確に記載する必要があります。具体的には、どのような場合に返品に応じて、どのような場合に応じないのかを記載します。また、返品に応じる場合は、返品にかかる送料などの費用の負担や返品を受け付ける期間を記載します。

　たとえば、「商品に欠陥がない場合でも○日以内に限り返品が可能です。この場合の送料は購入者負担とします」などと記載します。返品に応じない場合は、「商品に欠陥がある場合を除き、返品には応じません」などと記載します。

もし販売業者が広告に返品の特約に関する事項を表示しないと、商品に欠陥がなくても、購入者は、商品を受け取った日から起算して8日以内であれば、自ら送料を負担して返品ができます。

　なお、通信販売にはクーリング・オフ制度がありません。クーリング・オフ制度との違いは、返品（申込みの撤回または契約解除）を認めないとする特約が、クーリング・オフ制度では無効であるのに対し、返品制度では有効である点です。もう一つの違いは、クーリング・オフ制度では送料は必ず販売業者の負担であるのに対し、返品制度では購入者の負担にすることもできる点です。

■ 通信販売における広告の必要的記載事項 ························

①商品、権利の販売価格または役務の対価（販売価格に商品の送料が含まれない場合には、販売価格と商品の送料）

②商品・権利の代金または役務の対価についての支払時期と支払方法

③商品の引渡時期、権利の移転時期、役務の提供時期

④契約の申込みの撤回や解除（おもに返品制度）に関する事項

⑤販売業者・サービス提供事業者の氏名（名称）、住所および電話番号

⑥ホームページにより広告する場合の代表者・責任者の氏名

⑦申込みの有効期限があるときは、その期限

⑧購入者の負担する費用がある場合にはその内容と金額

⑨契約不適合責任についての定めがある場合にはその内容

⑩ソフトウェアに関する取引である場合のソフトウェアの動作環境

⑪商品の売買契約を2回以上継続して締結する必要があるときは、その旨及び金額、契約期間その他の販売条件

⑫商品の販売数量の制限、権利の販売条件、役務の提供条件がある場合はその内容

⑬広告表示を一部省略する場合の書面請求の費用負担があるときは、その費用

⑭電子メール広告をする場合には電子メールアドレス

特定商取引法に基づく表示

商品名	商品毎にウェブサイト上に表示しています。
代金	商品毎にウェブサイト上に表示しています。
送料	4,000円以上お買上げの場合は無料、その他の場合は全国一律400円をご負担頂きます。
代金支払方法	次のいずれかの方法によりお支払いください。 ①　クレジットカード番号を入力する。 ②　弊社指定の銀行口座へ振り込む。 ③　コンビニ決済の番号を取得してコンビニで支払う。 ④　商品を届ける宅配業者に現金で支払う。
代金支払時期	①　クレジットカードによるお支払いは商品発送の翌月以降に引き落とされます。 ②　弊社銀行口座へのお振込は商品発送前に前払いしてください。 ③　コンビニでのお支払いは商品発送前に前払いしてください。 ④　代金引換発送は商品お受取り時にお支払いください。
商品のお届け時期	代金引換の場合はお申込日から、それ以外は決済日又は入金日から1週間以内に発送致します。
商品のお申込のキャンセル	お申込後のキャンセルはお受け致しかねます。
商品の返品について	商品不具合以外を理由とする返品はお受け致しかねます。
事業者名	株式会社スズタロダイエット
所在地	東京都○○区○○1－2－3
電話番号	03－0000－0000
通信販売業務責任者	鈴　木　太　郎

損害賠償請求の仕方

損害賠償請求ができる場合

　取引が原因で他人に損害を与えたときに、金銭の支払いによって償う方法に損害賠償があります。損害賠償を請求する根拠として、大きく分けて債務不履行と不法行為があります。

① 債務不履行による損害賠償請求

　債務不履行とは、契約で取り決めた内容が履行（実現）されない場合です。債務不履行に基づく損害賠償請求の成立要件は、ⓐ債務の本旨に従った履行がないこと、ⓑ債務不履行が債務者の責めに帰すべき事由（帰責事由）に基づくこと、の2つです。そして、ⓐの「債務の本旨に従った履行がない」には、履行遅滞、履行不能、不完全履行の3つの類型があります。履行遅滞とは、契約の履行が可能であるにもかかわらず、履行期を過ぎても履行しないことです。履行不能とは、契約の履行が履行期に関係なく不可能な状態です。不完全履行とは、契約の履行が一応なされたが、履行の内容が不完全な場合です。

　なお、売買代金などの金銭を支払う義務（金銭債務）は、履行不能や不完全履行は問題とならず、履行遅滞だけが問題となります（手元に財産がなく金銭債務を履行できない状態になったときは、破産手続きなどを申し立てることになります）。さらに、ⓑの要件が不要になります（不可抗力を理由に損害賠償責任を免れることができません）。

　たとえば、ネット通販で商品を購入したときは、両者で合意した期日に商品が到着しなかった場合（履行遅滞）や、不良品が送付されてきた場合（不完全履行）に、債務不履行に基づく損害賠償請求が問題になります。

② 不法行為に基づく損害賠償請求

　不法行為とは、故意または過失によって他人（被害者）の権利また

第6章 ● ネットトラブル解決のための手続きと書式　225

は利益を違法に侵害し、損害を与える行為のことです。一般的な不法行為の成立要件は、ⓐ加害者の故意または過失による行為（加害行為）に基づくこと、ⓑ他人の権利または利益を違法に侵害したこと（違法な権利侵害）、ⓒ加害行為と損害発生の間に相当因果関係があること、ⓓ加害者に責任能力があること、の４つです。これらの要件を満たすことで、被害者が加害者に対して損害賠償請求ができます。

損害賠償の種類

　債務不履行と不法行為のどちらの場合も、損害賠償請求をするには損害が発生していることが必要です。そして、損害は財産的損害と精神的損害に分けられます。不法行為を例に見ていきましょう。

　財産的損害とは、被害者の財産に生じた損害であり、不法行為により被害者が余儀なくされた出費である積極損害と、不法行為により被害者が得られなくなった金銭である消極損害とに分けられます。

　一方、精神的損害とは、非財産的損害ともいい、被害者の悲しみや恐怖などの精神的苦痛が代表例であって、精神的損害に対する賠償を慰謝料といいます。精神的損害の有無については、不法行為の場合に問題となり、債務不履行の場合は問題となりません。

■ ネット取引と損害賠償請求 ‥‥‥‥‥‥‥‥‥‥‥‥‥

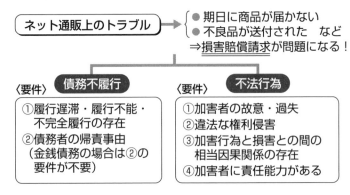

プロバイダを介したトラブル対応策

権利侵害の情報の削除依頼（送信防止措置依頼）

　インターネットの普及に伴い、簡単に情報の入手と発信を行えるようになった反面、情報の流通による権利侵害の問題も増加傾向にあります。その代表例は、著作権侵害、商標権侵害、名誉毀損です。権利侵害にあった場合は、プロバイダ責任制限法が定めるプロバイダ（Webサーバ・ブログ・SNS・掲示板の管理者・運営者など）に対する情報の削除依頼（送信防止措置依頼）を検討しましょう。

　プロバイダ責任制限法に基づく送信防止措置依頼は、権利侵害に該当する情報の発信元のプロバイダに行うため、まずはプロバイダの会社情報や利用規約などを確認します。多くのプロバイダは、利用規約などの欄に削除依頼の方法や連絡先（窓口）を記載しています。著作権侵害や商標権侵害の場合は、自己が権利者であることの事実を証明し、何の権利が侵害されたのか、どのような証明書類によって証明可能か、などを記載します。名誉毀損の場合は、掲載された情報と、その情報によりどのような権利が侵害されたのか、どのような被害が生じているのか、などを記載します。

発信者情報開示請求を検討する

　プロバイダへの削除依頼が認められても、別のプロバイダが運営するSNS・ブログ・掲示板などに次々と権利侵害の情報が掲載されていくケースも考えられます。そこで、インターネット上に権利侵害の情報を掲載する行為に対しては、民事上の責任を問うために損害賠償請求や差止請求（削除請求）を直接発信者に対して行うか、刑事上の責任を問うために警察に対して告訴・告発を行うことも考えられます。

　プロバイダ責任制限法は、プロバイダが発信者の情報を被害者に開

示する手続きを定めています（発信者情報開示請求）。被害者から開示請求を受けたプロバイダは、所定の要件に適合している場合には、原則として発信者の情報を被害者に開示することになっています。プロバイダ責任制限法に基づく発信者情報開示請求は、権利侵害が確認できるアドレス（URL）、権利侵害の事実とその内容、開示を受けるべき理由、求める情報の範囲などを記載して書面により行います。

　プロバイダは、プライバシー保護の観点から、開示する前に発信者に対して情報開示に関する意見聴取をしなければなりません。具体的には、情報開示に応じるか否か、情報開示に応じるべきでないとの意見である場合はその理由を聴取します。発信者が意見聴取に際して情報開示に応じるケースは考えにくく、通常はプロバイダ自身が「権利侵害が明白か否か」「開示請求の理由は正当か否か」について検討し、開示の可否を判断することになります。

　もっとも、プロバイダが開示の判断するケースは多くなく、発信者情報開示請求は裁判手続きを利用するのが一般的です。プロバイダ責任制限法改正で、令和4年10月から発信者情報開示請求に関する新たな裁判手続きが導入され、開示までの時間短縮が期待されています。

■ 発信者情報が開示される例 ……………………………………………

① 著作権侵害の場合	請求者の指定する著作物について、発信者が全部または一部を複製・送信していることが確認されれば、発信者情報が開示される可能性がある。
② 商標権侵害の場合	ネット上に類似の商標を表示をすることが商標権侵害にあたると認められれば、発信者情報が開示されることがある。ただし、登録された商標に限られる。
③ 名誉毀損の場合	プロバイダが開示の判断を行いにくい。名誉毀損が明白か否かは客観的な判断を行いにくいので、情報流通によって自己の社会的評価が低下したという事実を明白に証明できる資料を添付する必要がある。

令和○○ 年 ○○ 月 ○○ 日

【株式会社○○○○】　御中

株式会社××××
氏　名 代表取締役社長 ×××× ㊞

商標権を侵害する商品情報の送信を防止する措置の申出について

　貴社が管理するＵＲＬ：【https://○○○○.co.jp/××××.html】に掲載されている下記の情報の流通は、下記のとおり【株式会社××××】が有する商標権を侵害しているため、「プロバイダ責任制限法商標権関係ガイドライン」に基づき、下記のとおり、貴社に対して 当該情報の送信を防止する措置を講ずることを求めます。

記

1. 申出者の住所	【〒 ○○○-○○○○　神奈川県○○市○○町○丁目○番○号 】	
2. 申出者の氏名	【 代表取締役社長　　×××× 】	
3. 申出者の連絡先	電話番号	【 046-○○○○-○○○○ 】
	e-mail アドレス	【 xxxx@ xxx.com 】
4. 侵害情報の特定のための情報	URL	【 https://○○○○.co.jp/××××.html 】
	商品の種類又は名称	シュガーチュッパ
	その他の特徴	【 ジャンル>スイーツ・お菓子>あめ・キャンディ 】
5. 侵害されたとする権利	商標権	【 シュガーチュッパ、登録番号：第0000000号、指定商品区分：第30類　風船ガム、チューインガム、キャンディ、飴、グミキャンディ、棒付きキャンディ 】
6. 著作権等が侵害されたとする理由	シュガーチュッパは、当社の登録商標です。当社は、□□モールに対して登録商標シュガーチュッパを使用することにつき、いかなる許諾も与えておりません。また、侵害情報に係る商品の広告は、当社が製造している商品と類似する商品のものですが、侵害情報に係る商品は当社では製造しておりません。[権利侵害の態様がガイドラインの対象とするものであることの申述]　4で特定した侵害情報は、以下のいずれにも該当します。（a）以下の理由により商品は真正品ではありません。（i）情報の発信者が真正品でないことを自認している商品である。【その根拠：当社より数度に渡り注意喚起を行っている。】（ii）私（当社）が製造していない類の商品である。（b）以下の理由により、本件は業としての行為に該当します。【広告の文句から営利の意思を持って反復継続して販売を行っていることが明らかである】（c）侵害情報に係る商品が登録商標の指定商品と同一の商品です。（d）侵害情報に登録商標と同一の商標が付されています。	
7. ガイドラインの対象とする権利侵害の態様以外のものの場合		
8. その他参考となる事項	○○の方法により権利侵害があったことを確認することが可能です。	

　上記内容のうち、5・6 の項目については証拠書類を添付いたします。
　また、上記内容が、事実に相違ないことを証します。

以　　上

書式　送信防止措置依頼書（プライバシー侵害・名誉毀損）

令和○○年○○月○○日

【株式会社○○○○】御中

[権利を侵害されたと主張する者]
住　所　福島県○○郡××町1―1
氏　名　野口　英郎　㊞
連絡先　0242－○○―○○○○

侵害情報の通知書　兼　送信防止措置依頼書

　あなたが管理する特定電気通信設備に掲載されている下記の情報の流通により私の権利が侵害されたので、あなたに対し当該情報の送信を防止する措置を講じるよう依頼します。

記

掲載されている場所		https://www.○○○○.co.jp/book/987654321
掲載されている情報		私の実名、自宅の住所、電話番号を掲載した上で、「野口英郎の論文は捏造！研究にも不正行為あり、完全終了！！みんなで突撃しようぜ！！」という、嫌がらせの書き込みがされた。
侵害情報等	侵害されたとする権利	プライバシーの侵害、名誉毀損
	権利が侵害されたとする理由（被害の状況など）	個人情報は、私の意に反して公表され、指摘の内容も事実無根である。書き込み以来、いやがらせ、からかいの迷惑電話を約○○件も受け、自宅への来訪も懸念している。これらにより大変な精神的苦痛を被った。貴サイトの利用規約及びプロバイダ責任制限法に基づき、適切な対応を願いたい。

上記太枠内に記載された内容は、事実に相違なく、あなたから発信者にそのまま通知されることになることに同意いたします。

	発信者へ氏名を開示して差し支えない場合は、左欄に○を記入してください。○印のない場合、氏名開示には同意していないものとします。

以上

230

令和○○年○○月○○日

【株式会社○○○○】御中

[権利を侵害されたと主張する者]

住　　所　神奈川県○○市○○町○丁目○番○号
　　　　　株式会社　×××　×

氏　　名　代表取締役社長　×××　×　㊞

連絡先　046－○○○－○○○○

侵害情報の通知書　兼　送信防止措置依頼書

　あなたが管理する特定電気通信設備に掲載されている下記の情報の流通により私の権利が侵害されたので、あなたに対し当該情報の送信を防止する措置を講じるよう依頼します。

記

掲載されている場所		https://○○○○.co.jp/××××.html
掲載されている情報		（題名：㈱××××の末路） ㈱△△△△の社長をしながら、いまだ㈱××××の社長から抜けきれないのはバカ息子□□の未熟な手腕からか。㈱××××が消滅するのは勝手だが、㈱△△△△もジリ貧に向かっている。
侵害情報等	侵害されたとする権利	名誉毀損
	権利が侵害されたとする理由（被害の状況など）	掲載の情報は、当社の社長及び副社長について、経営者ないし役員としてふさわしくない人物であるとの印象を閲覧者に与えます。これは当社及び社長、副社長の社会的評価を低下する民法723条の名誉毀損にあたります。貴サイトの利用規約及びプロバイダ責任制限法に基づき、適切な対応を願いたい。

上記太枠内に記載された内容は、事実に相違なく、あなたから発信者にそのまま通知されることになることに同意いたします。

	発信者へ氏名を開示して差し支えない場合は、左欄に○を記入してください。○印のない場合、氏名開示には同意していないものとします。

以上

令和〇〇年〇〇月〇〇日

【株式会社〇〇〇〇】御中

　　　　　　　　　　　　　　　［権利を侵害されたと主張する者］（注1）
　　　　　　　　　　　　　　　　住所　神奈川県〇〇市〇〇町〇丁目〇番〇号
　　　　　　　　　　　　　　　　　　　株式会社　××××
　　　　　　　　　　　　　　　　氏名　代表取締役社長　××××　㊞
　　　　　　　　　　　　　　　　連絡先 046-〇〇〇-〇〇〇〇

発信者情報開示請求書

　［貴社・貴殿］が管理する特定電気通信設備に掲載された下記の情報の流通により、私の権利が侵害されたので、特定電気通信役務提供者の損害賠償責任の制限及び発信者情報の開示に関する法律（プロバイダ責任制限法。以下「法」といいます。）第4条第1項に基づき、［貴社・貴殿］が保有する、下記記載の、侵害情報の発信者の特定に資する情報（以下、「発信者情報」といいます）を開示下さるよう、請求します。

　なお、万一、本請求書の記載事項（添付・追加資料を含む。）に虚偽の事実が含まれており、その結果貴社が発信者情報を開示された契約者等から苦情又は損害賠償請求等を受けた場合には、私が責任をもって対処いたします。

記

［貴社・貴殿］が管理する特定電気通信設備等	（注2） https://〇〇〇〇.co.jp/××××.html		
掲載された情報	当社の著作物である素材集「ビジネスクレイアート集Vol.2」ファイル番号「0012,0035,0076,0081」合計4点（添付別紙参照）		
侵害情報等	侵害された権利	**著作権（複製権、送信可能化権）**	
	権利が明らかに侵害されたとする理由（注3）	https://〇〇〇〇.co.jp/××××.htmlに掲載されている画像は、当社の著作物である素材集「ビジネスクレイアート集Vol.2」の4点から無断使用しており、これは当社サイトのサムネイル画像（見本）からダウンロードして利用していることが画像の解像度と「コピー不可」の文字を消した跡から明らかです。 よって、貴社が管理するWebサイトにおいて、当社の著作物が送信可能な状態にあることは、発信者が当社の製品を正当に購入しかつ、ライセンス許諾を一切受けずになされているものであり、著しい著作権侵害であります。	
	発信者情報の開示を受けるべき正当理由 （複数選択 可） （注4）	① 損害賠償請求権の行使のために必要であるため ② 謝罪広告等の名誉回復措置の要請のために必要であるため ③ 差止請求権の行使のために必要であるため ④ 発信者に対する削除要求のために必要であるため 5. その他（具体的にご記入ください）	

		① 発信者の氏名又は名称
開示を請求する発信者情報（複数選択可）		② 発信者の住所
		③ 発信者の電子メールアドレス
		④ 発信者が侵害情報を流通させた際の、当該発信者のIPアドレス（注5）
		5．侵害情報に係る携帯電話端末等からのインターネット接続サービス利用者識別符号（注5）
		6．侵害情報に係るSIMカード識別番号のうち、携帯電話端末等からのインターネット接続サービスにより送信されたもの（注5）
		⑦ 4ないし6から侵害情報が送信された年月日及び時刻
証拠（注6）		**添付別紙参照**
発信者に示したくない私の情報（複数選択可）（注7）		1．氏名（個人の場合に限る）
		2．「権利が明らかに侵害されたとする理由」欄記載事項
		3．添付した証拠

（注1）原則として、個人の場合は運転免許証、パスポート等本人を確認できる公的書類の写しを、法人の場合は資格証明書を添付してください。

（注2）URLを明示してください。ただし、経由プロバイダ等に対する請求においては、IPアドレス等、発信者の特定に資する情報を明示してください。

（注3）著作権、商標権等の知的財産権が侵害されたと主張される方は、当該権利の正当な権利者であることを証明する資料を添付してください。

（注4）法第4条第3項により、発信者情報の開示を受けた者が、当該発信者情報をみだりに用いて、不当に当該発信者の名誉又は生活の平穏を害する行為は禁じられています。

（注5）　携帯電話端末等からのインターネット接続サービス利用者識別符号及びSIMカード識別番号のうち、携帯電話端末等からのインターネット接続サービスにより送信されたものについては、特定できない場合がありますので、あらかじめご承知おきください。

（注6）証拠については、プロバイダ等において使用するもの及び発信者への意見照会用の2部を添付してください。証拠の中で発信者に示したくない証拠がある場合（注7参照）には、発信者に対して示してもよい証拠一式を意見照会用として添付してください。

（注7）請求者の氏名（法人の場合はその名称）、「管理する特定電気通信設備」、「掲載された情報」、「侵害された権利」、「権利が明らかに侵害されたとする理由」、「開示を受けるべき正当理由」、「開示を請求する発信者情報」の各欄記載事項及び添付した証拠については、発信者に示した上で意見照会を行うことを原則としますが、請求者が個人の場合の氏名、「権利侵害が明らかに侵害されたとする理由」及び証拠について、発信者に示してほしくないものがある場合にはこれを示さずに意見照会を行いますので、その旨示してください。なお、連絡先については原則として発信者に示すことはありません。

ただし、請求者の氏名に関しては、発信者に示さなくとも発信者により推知されることがあります。

以上

［特定電気通信役務提供者の使用欄］

開示請求受付日	発信者への意見照会日	発信者の意見	回答日
（日付）	（日付） 照会できなかった場合はその理由：	有（日付） 無	開示（日付） 非開示（日付）

プロバイダ責任制限法の改正と新たな裁判手続き

なぜ改正されたのか

　スマートフォンやSNSなどの普及により、個人が情報の発信を簡単に行うことができるようになりました。その一方、インターネット上の誹謗中傷や著作権侵害などによるトラブルが身近な問題となっています。

　日本ではインターネットが一般家庭に普及し始めた平成13年に「プロバイダ責任制限法」（正式名称は「特定電気通信役務提供者の損害賠償責任の制限及び発信者情報の開示に関する法律」です）が制定され、インターネット上で誹謗中傷や著作権侵害などの被害を受けた際の救済措置が設けられました。被害者は「プロバイダ」と呼ばれるインターネット通信を管理する事業者に対し、誹謗中傷や著作権侵害などをする投稿を行った者（発信者）の情報を開示するように請求することができます。

　しかし、従来の制度については、以前よりさまざまな改善すべき部分があることが指摘されていました。裁判手続きが煩雑で、発信者を特定するまでに膨大な時間と労力が必要で、裁判手続き中にプロバイダが管理している発信者の情報が消失してしまい、裁判で勝訴しても発信者の特定に至らないケースが散見されていたのです。

　インターネット上の誹謗中傷や著作権侵害などの被害者の救済を求める世論の高まりも相まって、令和３年にプロバイダ責任制限法改正が成立し、令和４年10月より施行されました。この改正で、従来より簡略化された裁判手続きでプロバイダに対し発信者情報開示請求ができるようになり、被害者救済の促進や誹謗中傷や著作権侵害などの抑止につながることが期待されます。

新たな裁判手続きの内容について

　令和4年10月に施行されたプロバイダ責任制限法改正のおもな目的は、被害を受けた人が簡易かつ迅速に発信者情報の開示を受けられるようになることです。その特色は、以下のとおりです。

① 発信者情報開示請求が1つの裁判手続き（非訟手続）で行えるようになった

　従来から発信者を特定するには、①コンテンツプロバイダに対する開示を求める仮処分、②アクセスプロバイダに対する開示請求訴訟（および消去禁止を求める仮処分）、という2段階の裁判手続きがあります。しかし、前述のとおり裁判手続きが煩雑であるなどの指摘がされていました。

　そこで、発信者情報の開示を1つの裁判手続きで行うのを可能とする「新たな裁判手続き」が導入されました。具体的には、①コンテンツプロバイダに対する発信者情報開示命令の申立て、②コンテンツプロバイダに対するアクセスプロバイダの名称などの提供命令の申立て（①の申立てとともに行う）、③アクセスプロバイダに対する発信者情報開示命令の申立て（②の申立てが認められてコンテンツプロバイダから提供を受けた情報に基づいて行う）、④消去禁止命令の申立て（①・③の申立てとともに行う）のすべてを1つの裁判所で行うことができるようになりました。

　なお、コンテンツプロバイダとは、検索サイト・SNS・ブログなどを運営する事業者のことです。これに対し、アクセスプロバイダとは、携帯電話会社や通信会社などのインターネット接続サービスを提供する事業者のことです。

　以上の裁判手続きを経て③の申立てが認められると、アクセスプロバイダから発信者情報が開示され、これにより発信者が特定されます。また、④は発信者情報の消去の禁止を申し立てる手続きであり、申立てが認められることで、発信者を特定することのできる情報（アクセ

スログなど）が消去されるのを防ぐことができます。

　そして、上記の「新たな裁判手続き」は非訟手続きとされました。非訟手続きとは、通常の訴訟よりも簡易な方法で進められる非公開の裁判手続きのことで、申立てから決定（申立てを認めるか否かの判断）までが迅速になされるのが特徴です。また、決定後に相手方からなされる不服申立ても通常の訴訟より制限されており、従来の制度より迅速に発信者情報の開示がなされます。

　もっとも、従来の制度（２段階の裁判手続き）も引き続き利用することができます。従来の制度では、プロバイダが任意に開示請求に応じることができますので、プロバイダの協力が得られるようであれば、従来の制度を利用することも一つの方法といえるでしょう。

② 「新たな裁判手続き」の管轄裁判所が定められた

　法改正により、前述した「新たな裁判手続き」の管轄裁判所についても定められました。

　原則として相手方（プロバイダ）の事務所・営業所（相手方が個人の場合はその住所）の所在地を管轄する地方裁判所の管轄に属します。しかし、所在地不明で管轄裁判所が定まらないときは、最高裁判所規則（発信者情報開示命令事件手続規則）により「東京都千代田区」を管轄する東京地方裁判所の管轄に属します。この定めによって、相手方が所在地不明の場合も「東京都千代田区」が所在地であるとみなし、「新たな裁判手続き」を利用して発信者情報の開示を請求できるようになります。

　さらに、相手方の事務所・営業所（個人の場合は住所）の所在地が東日本地域（東京高等裁判所、名古屋高等裁判所、仙台高等裁判所、札幌高等裁判所の管轄区域内）の場合は東京地方裁判所、西日本地域（大阪高等裁判所、広島高等裁判所、福岡高等裁判所、高松高等裁判所の管轄区域内）の場合は大阪地方裁判所に管轄にも属します。

　たとえば、相手方の事務所の所在地が北海道札幌市の場合は、札幌

地方裁判所と東京地方裁判所が管轄裁判所になるため、どちらかの裁判所に申立てをすればよいことになります。発信者情報の開示について専門的知識を有する弁護士が東京都や大阪府（またはその周辺）に多いようですから、とくに依頼を受けた弁護士にとって便利になる管轄裁判所の制度であると考えられます。

　例外として、「特許権、実用新案権、回路配置利用権又はプログラムの著作物についての著作者の権利を侵害されたとする者」が申立てをする場合に限り、相手方の事務所・営業所（個人の場合は住所）の所在地が東日本地域の場合は東京地方裁判所、西日本地域の場合は大阪地方裁判所の管轄のみに属する（専属管轄）ことに注意を要します。特許権などの判断は高度の専門的知識を要することから、東京地方裁判所と大阪地方裁判所の専属管轄としているのです。

■ 現行制度と新たな裁判手続き

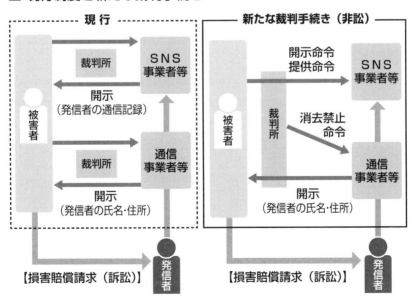

たとえば、相手方の事務所の所在地が北海道札幌市の場合は、東京地方裁判所に申立てをしなければならず、札幌地方裁判所に申立てをすることができません。

開示請求を行うことができる範囲を見直した

　法改正の目玉となったのは「ログイン型投稿」への対応です。ログイン型投稿とは、利用者が、SNSやブログなどを利用するために「アカウント」を作成し、そのアカウントでログインをした上で文章・写真・動画などを投稿（書き込み）するという形のものです。とくにコンテンツプロバイダが、利用者のログイン時の情報（IPアドレスなど）のみを記録・保存しており、投稿時の情報は記録・保存していないケースがあるようです。

　従来の制度では、投稿時の情報を開示請求の対象とするのを前提としていたことから、ログイン型投稿でなされた投稿に対する発信者情報の開示請求について、裁判所は、開示請求の範囲外であると判断して、発信者情報の開示を認めないケースがありました。その理由としておもに挙げられたのは、ログイン時の情報は法で予定されている開示請求の対象ではないことや、どの端末を利用してログインしたのかが不明である（アクセスプロバイダが特定できない）ことでした。

　しかし、法改正により、コンテンツプロバイダが保有する「ログイン時の情報」そのもの（プロバイダ責任制限法では「特定発信者情報」と名付けられています）の他、ログインした際に利用されたアクセスプロバイダの名称なども、開示請求の対象であることが明確に定められました。これにより、ログイン型投稿の場合も発信者情報の開示請求が認められるようになります。

発信者情報の開示請求の要件

　発信者情報とは、有害な投稿をした者（発信者）を特定するために

必要な情報、具体的には、発信者の氏名・住所・電話番号・メールアドレスなどのことを指します。

　被害者としては、これらの発信者情報の開示を受けた上で、発信者に対して損害賠償請求などを行っていくわけですが、前述した「新たな裁判手続き」を利用して、こうしたパーソナルな情報である発信者情報の開示を受けるには、以下の①②の理由が求められています（①②の双方の理由を備えることが必要です）。

①　有害な書き込みにより被害者の権利が侵害されたことが明らかであること

②　損害賠償請求権の行使のために情報の開示が必要であること

　ただし、「ログイン時の情報」（特定発信者情報）の開示を受けるためには、①②の理由に加えて、以下の③④などのうちいずれか１つの理由も求められています（③④などのうち１つの理由を備えていれば構いません）。

③　「ログイン時の情報」の開示を受けなければ、発信者を特定できないこと

④　コンテンツプロバイダが「ログイン時の情報」以外の発信者情報を保有していないと認められること

　したがって、発信者情報の開示請求が認められるには、不当な投稿がなされたことによる被害を明確にし、申立てをした裁判所に認定してもらうことが必要となります。

知的財産権侵害への対処法

民事上と刑事上の対抗手段がある

　許諾なく他人が知的財産権を使用している場合、まず内容証明郵便などにより警告書を送付して穏当に使用の差止めなどを求め、それでも使用を継続するようであれば、訴訟提起などの強力な法的措置をとることになります。民事上の手続きとして、差止請求、損害賠償請求、信用回復措置請求などができます。

　差止請求は、自分が権利を持っている知的財産権が侵害された場合、侵害者に対して、侵害行為を止めるように請求することをいいます。

　また、知的財産権が侵害されたために、売上が減少した、信用が失われたなど、実際に損害が生じている場合には、損害賠償請求をすることができます。さらに、信用を回復する必要があるときは、信用回復措置請求によって新聞への謝罪広告の掲載などを請求することもできます。その他、模倣品や海賊版などの製造・販売によって侵害者が不当な利益を得ている場合には、不当利得返還請求権を行使して、その利益に相当する金銭の支払いを請求することも考えられます。

侵害されていることを発見した場合

　自分の知的財産権が侵害されていることを発見したら、権利侵害の事実を証明するための証拠を集めましょう。たとえば、知的財産権を侵害している商品を発見した場合は、その商品を購入するなどして入手します。また、知的財産権が侵害されている事実を改めて確認する必要があります。たとえば、問題となっている知的財産権が商標権であれば、登録商標と外観、観念、称呼の点で誤認混同が生じるおそれがあるかなどを確認します。

　自分の知的財産権の範囲を確認することも必要です。たとえば、自

分が登録している商標と類似しているか、登録時の指定商品・指定役務（商標の使用を予定しているものとして指定した商品・役務）とも類似しているかの判断です。簡単に言えば、第三者が販売している商品について自社と出所の混同が生じているか否かですが、これらの判断は極めて困難であるため、商標の専門家である弁理士や弁護士にアドバイスを受けることが望ましいといえるでしょう。

警告書を出した後に訴訟を起こす

　自分の知的財産権が侵害されている場合には、相手方に対して警告書を送ります。警告書には、知的財産権を侵害している相手方の商品・役務の名称、侵害されている知的財産権の種類、警告書に対する回答期限などを記載します。警告書を送った場合、相手方が知的財産権の侵害を認め、一定の金銭を支払うことで知的財産権の使用の許諾を求めるという回答が得られる可能性があります。このような回答があるのを想定して、一定の金銭を受け取ることで知的財産権の使用を許すかどうかを決めておく必要があります。

■ 知的侵害権の侵害に対する法的手段 ……………………………

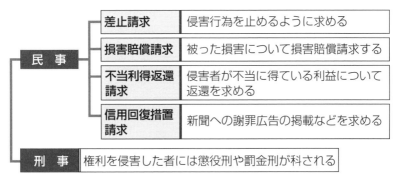

民　事	差止請求	侵害行為を止めるように求める
	損害賠償請求	被った損害について損害賠償請求する
	不当利得返還請求	侵害者が不当に得ている利益について返還を求める
	信用回復措置請求	新聞への謝罪広告の掲載などを求める
刑　事	権利を侵害した者には懲役刑や罰金刑が科される	

内容証明郵便の活用

内容証明郵便とは

　内容証明郵便は、誰が、いつ、どんな内容の郵便を、誰に宛てて差し出したのか、を郵便局（日本郵便株式会社）が証明してもらえる特殊な郵便です。内容証明郵便を配達証明つきにしておけば、郵便物を発信した事実からその内容、さらには相手に配達したことまで証明してもらえます。

　内容証明郵便は後々訴訟などに至った場合に、証明力の高い文書として利用することができます。もっとも、いったん差し出してしまうと、後から訂正はできないことから、内容証明郵便の文書は事実関係を十分に調査・確認した上で、正確に記入することが必要です。また、相手方に揚げ足を取られないように、できるだけ簡潔に、かつ明確に書くことが大事です。

　内容証明郵便で１枚の用紙に書ける文字数には制約があります（次ページ図）。つまり、用紙１枚につき520字を上限とするわけです。

郵便局への提出や料金

　内容証明郵便は、受取人が１人の場合でも、同じ内容の文面の手紙を最低３通用意する必要があります。ただし、全部手書きである必要はなく、コピーでもＯＫです。郵便局ではそのうち１通を受取人に送り、１通を郵便局に保管し、もう１通は差出人に返してくれることになっています。用紙の指定はとくにありません。手書きの場合は原稿用紙のようにマス目が印刷されている、市販のものを利用してもよいでしょう。ワープロソフトで作成してもよいことになっています。

　こうしてできた同文の書面３通と、差出人・受取人の住所・氏名を書いた封筒を受取人の数だけ準備して、郵便局の窓口へ提出します。

郵便局は、近隣の大きな郵便局（集配を行う郵便局または地方郵便局長の指定した無集配郵便局）を選びます。その際、字数計算に誤りがあったときや、誤字を見つけたときなどのために、訂正用に印鑑もあわせて持参するのがよいでしょう。

　郵便局の窓口では、それぞれの書面に「確かに○月○日に受け付けました」という内容の証明文と日付の明記されたスタンプが押されます。その後、書面を封筒に入れて再び窓口に差し出します。それと引き換えに受領証と控え用の書面が交付されます。これは後々の証明になりますから、大切に保管しましょう。

　料金は下図のとおりです。なお、配達証明の依頼は、通常は内容証明郵便を出すときに一緒に申し出ますが、内容証明郵便の発送後1年以内であれば、発送時の受領証を提示することで配達証明を出してもらうことができます。

■ 内容証明郵便の書き方 ···

用　紙	市販されているものもあるが、とくに指定はない。 B4判、A4判、B5判が使用されている。
文　字	日本語のみ。かな（ひらがな、カタカナ）、 漢字、数字（算用数字・漢数字）。 外国語不可。英字は不可（固有名詞に限り使用可）
文字数と 行数	縦書きの場合　　：20字以内×26行以内 横書きの場合①：20字以内×26行以内 横書きの場合②：26字以内×20行以内 横書きの場合③：13字以内×40行以内
料　金	文書1枚（440円）＋郵送料（84円）＋書留料（435円） ＋配達証明料（差出時320円）＝1279円 文書が1枚増えるごとに260円加算

※令和元年10月1日消費税10％改訂時の料金

裁判所を利用した手続き

さまざまな法的手段

　民事上の紛争が生じた場合、最終的には訴訟になり、裁判所が判断することになります。ただ、裁判所には、訴訟以外にもさまざまな手続きが用意されています。

　とくに知っておきたいのが簡易裁判所を利用する手続きです。簡易裁判所の手続きには、少額訴訟、民事調停、支払督促があります。また、裁判所以外での紛争予防や紛争解決方法としては、公証役場での公正証書の作成、法務大臣より認証を受けた機関での裁判外紛争解決手続（ADR）があります。

民事調停

　民事調停は、第三者である調停機関が紛争の当事者双方の合意が得られるように説得しながら、和解が成立するために努力する手続きです。裁判外紛争解決手続でも調停が行われていますが、簡易裁判所で行われる民事調停は、身近な財産上の紛争を解決するために利用されています。ネット取引におけるトラブルを解決する手段として活用することも可能です。民事調停は、手続きの進め方に厳格な定めはなく、紛争の実情に即して、当事者双方が納得のいく解決を図ることができるようになっています。

　民事調停の申立ては、簡易裁判所に申立書を提出して行います。話し合いがまとまって調停が成立すると、裁判官の立ち会いの下で、調停内容が読み上げられます。調停成立時に作成される調停調書には確定判決と同一の効力が与えられており、相手方が調停調書の内容を履行しない場合は強制執行に踏み切ることができます。調停が合意せずに終わっても、2週間以内に訴えを提起すれば、調停申立ての時点か

ら民事訴訟を提起したとみなされます。

支払督促

　支払督促は、簡易裁判所の裁判所書記官を通じて、相手方に対して金銭を支払うように督促する（早く支払うように促す）手続きです。督促する金額の上限はありません。支払督促を申し立てる場合は、金額にかかわらず簡易裁判所を利用しますが、どの地域の裁判所でもよいわけではありません。督促をする相手方の住所地を管轄している簡易裁判所の裁判所書記官に申し立てなければなりません。

　支払督促の申立てが受理されると、裁判所は債務者に対して支払督促を送達します。支払督促には、判決の主文に相当する「債務者は、請求の趣旨記載の金額を債権者に支払え」という文言が記載され、それに続けて警告文言と言われている「債務者が支払督促送達の日から2週間以内に異議を申し立てないときは、債権者の申立てによって仮執行の宣言をする」という文言が記載されています。

　そして、支払督促が債務者に送達された後2週間を経過したときから30日以内に、債権者は仮執行宣言の申立てをする必要があります。この申立てをしないまま期間が経過すると、支払督促が効力を失うからです。

■ ネットトラブルを解決するためのおもな法的手段 ……………

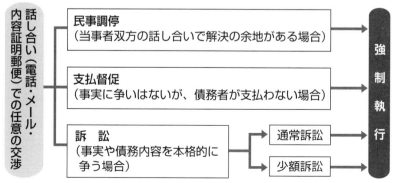

訴訟の管轄

　訴訟をすべき状況になった場合、どこの裁判所に訴えを提起すればよいのかを決める基準が管轄です。管轄とは、それぞれの裁判所がどの事件を担当するかという割り振りのことです。民事訴訟の第一審は、地方裁判所か簡易裁判所のどちらかが管轄を持ちます。原則として、140万円以下の争いであれば簡易裁判所、これを超える場合には地方裁判所の管轄です。

通常訴訟の第一審の手続き

　通常の民事訴訟（通常訴訟）は、当事者の一方が裁判所に訴状を提出して訴えを提起することによって始まります。

　訴状が提出されると、裁判所は、訴状の副本（コピー）を被告に送付します。あわせて、訴状に書いてある内容を認めるのか反論するのかを書いた答弁書を、裁判所に提出するよう被告に求めます。また、裁判所は、期日に裁判所へ出頭するように、当事者双方に呼出状を送ります。この裁判所によって指定された期日が第1回口頭弁論期日です。

　第1回口頭弁論期日では、まず、原告が訴状を口頭で陳述します。次に、被告が提出済みの答弁書に基づいて、原告の陳述内容を認めるのか反論するのかを口頭で述べます。

　その後、争点を整理する作業が行われます。原告の請求のうち、被告がどのような点を争い、どのような点は争っていないのかを明確にします。そして、事実関係について争いがあれば、どちらの主張が正しいのかに関して証拠調べを行います。

　これらの手続きを経て、争いがある事実につき、原告・被告のいずれの主張が正しいのかを裁判官が認定し、訴状に書いてある内容の当否について裁判所が判断できるようになると、口頭弁論は終結します。口頭弁論は数回の期日で終了する場合もあれば、口頭弁論が終了するまでに数年かかる場合もあります。

一定の期日が経過すると、裁判所は、あらかじめ指定しておいた期日に判決を言い渡します。判決は、原告の請求に対する裁判所の判断です。裁判所は、原告の請求が認められると判断したときは、原告の請求を認容します。反対に、原告の請求が認められないと判断したときは、原告の請求を認めない判断（請求棄却）になります。この場合は「原告の請求を棄却する」という判決を言い渡します。この判決により第一審の手続きは終了します。

強制執行

強制執行は、裁判所によって権利者の権利内容を強制的に実現してもらう手続きです。強制執行を行うためには、債務名義（確定判決、和解調書、調停調書など）、執行文、送達証明書が必要です。これらを強制執行の3点セットと呼ぶことがあります。申立てに応じて、執行裁判所（強制執行の手続きに関与する裁判所）や執行官といった執行する機関（執行機関）によって行われます。

■ 通常訴訟の手続きの流れ

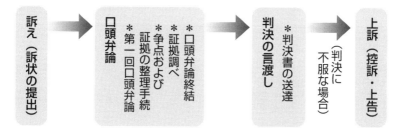

訴え（訴状の提出）

↓

口頭弁論
＊第一回口頭弁論
＊証拠の整理手続
＊争点および証拠調べ
＊口頭弁論終結

↓

判決の言渡し
＊判決書の送達

↓

上訴（控訴・上告）
（判決に不服な場合）

【監修者紹介】

森 公任（もり こうにん）

昭和26年新潟県出身。中央大学法学部卒業。1980年弁護士登録（東京弁護士会）。1982年森法律事務所設立。おもな著作（監修書）に、『不動産契約基本法律用語辞典』『契約実務 基本法律用語辞典』『会社法務の法律知識と実務ポイント』『公正証書のしくみと実践書式集』『職場のトラブルをめぐる法律問題と実践解決書式』『著作権の法律問題とトラブル解決法』『図解で早わかり 最新 インターネットの法律とトラブル対策』など（小社刊）がある。

森元 みのり（もりもと みのり）

弁護士。2003年東京大学法学部卒業。2006年弁護士登録（東京弁護士会）。同年森法律事務所 入所。おもな著作（監修書）に、『不動産契約基本法律用語辞典』『契約実務 基本法律用語辞典』『会社法務の法律知識と実務ポイント』『公正証書のしくみと実践書式集』『職場のトラブルをめぐる法律問題と実践解決書式』『著作権の法律問題とトラブル解決法』『図解で早わかり 最新 インターネットの法律とトラブル対策』など（小社刊）がある。

森法律事務所
弁護士16人体制。家事事件、不動産事件等が中心業務。
〒104-0033 東京都中央区新川２−15−３ 森第二ビル
電話03-3553-5916 http://www.mori-law-office.com

すぐに役立つ
電子商取引から削除請求まで
図解とＱ＆Ａでわかる
最新 ネットトラブルをめぐる法律とトラブル解決法

2022年11月30日 第１刷発行

監修者	森公任 森元みのり
発行者	前田俊秀
発行所	株式会社三修社
	〒150-0001 東京都渋谷区神宮前2-2-22
	TEL 03-3405-4511 FAX 03-3405-4522
	振替 00190-9-72758
	https://www.sanshusha.co.jp
	編集担当 北村英治
印刷所	萩原印刷株式会社
製本所	牧製本印刷株式会社

©2022 K. Mori & M. Morimoto Printed in Japan
ISBN978-4-384-04904-6 C2032